U0414987

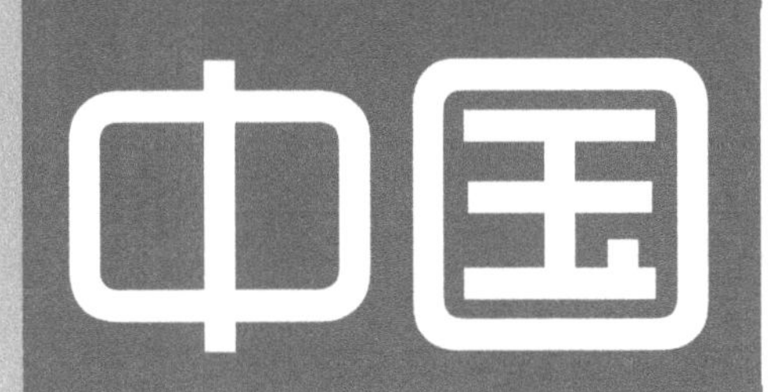


CHINA
FORESTRY
AND GRASSLAND
STATISTICAL
YEARBOOK

# 中国林业和草原统计年鉴 2023

国家林业和草原局 ◎ 编

中国林业出版社
CHINA FORESTRY PUBLISHING HOUSE

**图书在版编目(CIP)数据**

中国林业和草原统计年鉴. 2023 / 国家林业和草原局编. -- 北京 : 中国林业出版社, 2024. 11. -- ISBN 978-7-5219-2957-7

Ⅰ. F326. 2-66;S812. 8-66

中国国家版本馆 CIP 数据核字第 2024UT8069 号

**策划编辑**:何　蕊
**责任编辑**:许　凯
**封面设计**:睿思视界视觉设计
**翻　　译**:张　坤

**中国林业和草原统计年鉴** 2023

---

作者:国家林业和草原局
地址:北京市东城区和平里东街 18 号
电话:010-83143580
出版发行:中国林业出版社(100009,北京市西城区刘海胡同 7 号,电话:010-83223120)
电子邮箱: cfphzbs@ 163. com
网址: https://www. cfph. net
印刷:北京中科印刷有限公司
版次:2024 年 11 月第 1 版
印次:2024 年 11 月第 1 次
开本:880mm×1230mm　1/16
印张:9
字数:800 千字
定价:198. 00 元

中国

# 林业和草原统计年鉴2023

高嘉聪　李靖彤　李晟昕　孙静静　冯澄澄
陈　曦　程　祎　孙明园　徐典顺　何超华
李庆荣　吴安琪　包　杰　程　滢　余　波
余　相　胡普炜　房鸿雁　樊丙玉　林志勇
李建鹃　刘　宾　胡　弦　蔡德毓　陈晶麟
万发令　杜　煜　王际振　杨　涛　林海燕
杜龙辉　袁彩菊　余刘珊　潘亚鸽　卞卫玲
张丽娟　胡将伯　刘贵开　曾小文　陈　振
杨　腾　王成家　陈英睿　王译锴　朱志正
刘吉月　曾　锋　林炎勇　王　琪　吴琼辉
马洪伟　陈　丽　牛　楚　曹　沅　唐　政
李洪波　宋伟丹　廖建海　陈　蕾　杨　琪
曾麟斌　刘毓豪　陈　刚　齐澜仪　严　婧
郭　嘉　邓　峰　杨越叶　王巍桔　杨　丹
王　莎　周　刚　凌　博　蒙仕春　何远东
梁　军　赵红妍　潘轶梅　陈玉桥　刘明新
陆　辉　杨明辉　罗　洋　索朗建材　子文远
桑旦次仁　张　斌　李宇星　徐　威　张　茹
郝媛媛　赵梓辰　赵瑞雪　孙　慧　王　凯
谈　静　戴青云　贺万祥　叶瑛瑛　杨瑜婷
崔丽荣　孙　婷　汪　淳　汤努尔·瓦力拜
狄亚楠　田美玲　张　丽　阿依佳玛丽·依玛尔
刘　景　李　庚　安国庆　徐艳萍　吴　峰
赵　宇　袁孟强　邢　涛　刘洪波　刘　迪
姜　尚　郭胜男　马椿平　苗元庆　闫　杨
高　晗　杨嘉轩　张艳娟　周方杰　刘远怡
周　峰　苑馨匀　徐浩然　孙海闱　杜峻岭
王琳琳　马海林　王海峰　王　巍　李　宏
解贻萍　薛卫鹏　康　凯　鲁婷婷

一、为了适应改革开放的需要，便于国内外各界了解中国林业建设与发展情况，我们编辑的《中国林业统计年鉴》从 1987 年开始公开出版，每年出版一册，供广大读者作为资料性的工具书使用。自 2018 年开始，草原管理职能调至国家林业和草原局，相关数据编入年鉴，《中国林业统计年鉴》更名为《中国林业和草原统计年鉴》。

二、本书系根据各省、自治区、直辖市林业草原管理部门以及国家林业和草原局相关司局、直属单位上报的 2023 年林业草原统计年报和其他有关资料编辑而成。全书分为：国土绿化、产业发展、从业人员和劳动报酬、林草投资 4 个部分及东北、内蒙古重点国有林区、林业工作站和乡村林场、林草主要灾害、历年主要统计指标、主要林草产品进出口和世界主要国家林业情况 6 个附录。

三、本书中大兴安岭指大兴安岭林业集团。本书中进出口数据来源于海关总署，除特别标注外不包括香港特别行政区、澳门特别行政区以及台湾省。

四、“—”表示数据不足本表最小单位数、不详或无该项数据。

五、为了不断提高年鉴质量，竭诚欢迎广大读者提出改进意见。

编　者

2024 年 8 月

# Preface

*China Forestry Statistical Yearbook* has been annually published since 1987. The yearbook, as a reference tool, is used to help people from all walks of life at home and abroad to understand forestry construction and development in China. Since the grassland administration was combined into National Forestry and Grassland Administration, the yearbook was renamed as *China Forestry and Grassland Statistical Yearbook.*

*China Forestry and Grassland Statistical Yearbook 2023* is edited on the basis of some relevant information and the statistics submitted by the competent forestry and grassland departments of provinces, autonomous regions, municipalities directly under the Central Government, relevant departments and bureaus of National Forestry and Grassland Administration. The yearbook is composed of 4 components including national land greening, industrial development, employment and remuneration, investment in forestry and grassland. It also contains 6 appendices of major statistical data of forest industrial enterprises in the key state-owned forest areas of the Northeast region and Inner Mongolia, forestry working stations and rural forest farms, major forest and grassland disasters, main forestry statistical indicators over the years, import and export of major forest and grass products, and forestry in major countries of the world.

In the yearbook, Daxing'anling refers to Daxing'anling Forestry Group. The import and export data in the book are from the General Administration of Customs. Unless otherwise noted, the yearbook does not include the data of Hong Kong Special Administrative Region, Macao Special Administrative Region and Taiwan Province.

"—" indicates that the figure is not large enough to be measured with the smallest unit in the table or the data are not available.

In order to improve the quality of the yearbook, readers' suggestions and comments are warmly welcomed.

Editor

August, 2024

# CONTENTS

## 一、国土绿化

## National Land Greening



## 二、产业发展

## Industrial Development

## 三、从业人员和劳动报酬

## Employment and Remuneration

## 四、林草投资

## Investment in Forestry and Grassland

## 附录一：东北、内蒙古重点国有林区

## Annex I Forest Industrial Enterprises in the Key State-owned Forest Areas of the Northeast Region and Inner Mongolia



## 附录二：林业工作站和乡村林场

## Annex II Forestry Workstations and Rural Forest Farms

## 附录三：林草主要灾害

## Annex III Major Forest and Grassland Disasters



## 附录四：历年主要统计指标

## Annex IV Main Statistical Indicators over the Years



## 附录五：主要林草产品进出口

## Annex V Import and Export of Major Forest and Grass Products

## 附录六：世界主要国家林业情况

## Annex VI  World Forestry in Major Countries

# 1

# 国土绿化

# NATIONAL LAND GREENING

# 全国国土绿化任务完成情况

| 指标名称 | 单　位 | 本年实际 |
|---|---|---|
| **一、造林面积** | **公顷** | **4636119** |
| 1. 人工造林 | 公顷 | 1014361 |
| 2. 飞播造林 | 公顷 | 66997 |
| 3. 封山育林 | 公顷 | 1133101 |
| 4. 退化林修复 | 公顷 | 1795750 |
| 5. 人工更新 | 公顷 | 625911 |
| **二、种草改良面积** | **公顷** | **4378444** |
| 1. 人工种草 | 公顷 | 1053594 |
| 2. 飞播种草 | 公顷 | — |
| 3. 草原改良 | 公顷 | 1063794 |
| 4. 围栏封育 | 公顷 | 2261056 |

# 各地区国土绿化任务完成情况(一)

单位:公顷

| 地区 | 造林面积 | | | | | |
|---|---|---|---|---|---|---|
| | 总计 | 人工造林 | 飞播造林 | 封山育林 | 退化林修复 | 人工更新 |
| **全　国** | **4636119** | **1014361** | **66997** | **1133101** | **1795750** | **625911** |
| 北　京 | 847 | 389 | — | — | 459 | — |
| 天　津 | 5149 | 66 | — | 4760 | 12 | 312 |
| 河　北 | 173678 | 58828 | 3333 | 70392 | 39578 | 1546 |
| 山　西 | 306235 | 204068 | 10000 | 53613 | 38553 | — |
| 内蒙古 | 314383 | 127237 | 10667 | 21379 | 152431 | 2668 |
| 辽　宁 | 63901 | 30766 | — | 2001 | 26321 | 4813 |
| 吉　林 | 88263 | 415 | — | 576 | 72429 | 14842 |
| 黑龙江 | 82981 | 2765 | — | 32103 | 41915 | 6198 |
| 上　海 | 200 | 200 | — | — | — | — |
| 江　苏 | 2266 | 1009 | — | 67 | 482 | 708 |
| 浙　江 | 20074 | 3135 | — | — | 10683 | 6256 |
| 安　徽 | 137922 | 6541 | — | 70396 | 47728 | 13257 |
| 福　建 | 152503 | 3251 | — | 31988 | 70599 | 46664 |
| 江　西 | 252818 | 18089 | — | 36805 | 124555 | 73369 |
| 山　东 | 17647 | 6493 | — | — | 8788 | 2367 |
| 河　南 | 122113 | 20916 | 16361 | 30352 | 34480 | 20005 |
| 湖　北 | 193950 | 30596 | — | 37358 | 111265 | 14732 |
| 湖　南 | 425039 | 104337 | — | 125411 | 172653 | 22637 |
| 广　东 | 153001 | 11021 | — | 34287 | 58201 | 49492 |
| 广　西 | 324309 | 20634 | — | 5106 | 42064 | 256506 |
| 海　南 | 12837 | 812 | — | — | — | 12026 |
| 重　庆 | 137423 | 23182 | — | 40111 | 70231 | 3899 |
| 四　川 | 123086 | 20943 | — | 21222 | 66159 | 14762 |
| 贵　州 | 230473 | 7250 | — | 32191 | 182809 | 8223 |
| 云　南 | 287370 | 42185 | — | 90488 | 117575 | 37122 |
| 西　藏 | 44942 | 4176 | 3660 | 33981 | 2839 | 285 |
| 陕　西 | 352245 | 62026 | 22249 | 154011 | 108145 | 5814 |
| 甘　肃 | 269597 | 130044 | 727 | 64448 | 74361 | 17 |
| 青　海 | 104677 | 16301 | — | 68207 | 20169 | — |
| 宁　夏 | 84271 | 23999 | — | 5339 | 54933 | — |
| 新　疆 | 136538 | 32688 | — | 66509 | 29946 | 7394 |
| 大兴安岭 | 15385 | — | — | — | 15385 | — |

# 各地区国土绿化任务完成情况(二)

单位:公顷

| 地　区 | 种草改良面积 | | | | |
|---|---|---|---|---|---|
| | 总计 | 人工种草 | 飞播种草 | 草原改良 | 围栏封育 |
| **全　国** | **4378444** | **1053594** | **—** | **1063794** | **2261056** |
| 北　京 | — | — | — | — | — |
| 天　津 | — | — | — | — | — |
| 河　北 | 49161 | 16212 | — | 14827 | 18122 |
| 山　西 | 76667 | 36067 | — | 18270 | 22330 |
| 内蒙古 | 586167 | 180087 | — | 182736 | 223344 |
| 辽　宁 | 21920 | 19920 | — | 900 | 1100 |
| 吉　林 | 19859 | 3312 | — | 7446 | 9101 |
| 黑龙江 | 18434 | 7130 | — | 5087 | 6217 |
| 上　海 | — | — | — | — | — |
| 江　苏 | — | — | — | — | — |
| 浙　江 | — | — | — | — | — |
| 安　徽 | — | — | — | — | — |
| 福　建 | — | — | — | — | — |
| 江　西 | — | — | — | — | — |
| 山　东 | — | — | — | — | — |
| 河　南 | 2000 | 2000 | — | — | — |
| 湖　北 | — | — | — | — | — |
| 湖　南 | 13818 | 8030 | — | 2605 | 3183 |
| 广　东 | — | — | — | — | — |
| 广　西 | 897 | 150 | — | 336 | 411 |
| 海　南 | — | — | — | — | — |
| 重　庆 | — | — | — | — | — |
| 四　川 | 254236 | 37727 | — | 97429 | 119080 |
| 贵　州 | 7880 | 4280 | — | 1620 | 1980 |
| 云　南 | 36667 | 29400 | — | 3270 | 3997 |
| 西　藏 | 409529 | 165289 | — | 109908 | 134332 |
| 陕　西 | 22550 | 9410 | — | 5913 | 7227 |
| 甘　肃 | 627564 | 296907 | — | 148796 | 181861 |
| 青　海 | 1876669 | 147113 | — | 345911 | 1383645 |
| 宁　夏 | 21426 | 21093 | — | 150 | 183 |
| 新　疆 | 333000 | 69467 | — | 118590 | 144943 |
| 大兴安岭 | — | — | — | — | — |

# 全国森林经营情况

| 指标名称 | 单　位 | 本年实际 |
|---|---|---|
| **森林抚育面积** | **公顷** | **6471079** |
| 1. 抚育采伐 | 公顷 | 1143776 |
| 2. 补植抚育 | 公顷 | 361251 |
| 3. 人工促进天然更新 | 公顷 | 110140 |
| 4. 其他综合抚育 | 公顷 | 4855912 |

# 各地区森林经营情况

单位:公顷

| 地区 | 森林抚育面积 | | | | |
|---|---|---|---|---|---|
| | 总计 | 抚育采伐 | 补植抚育 | 人工促进天然更新 | 其他综合抚育 |
| **全国** | **6471079** | **1143776** | **361251** | **110140** | **4855912** |
| 北京 | 56257 | — | — | — | 56257 |
| 天津 | 70752 | 33 | 119 | — | 70600 |
| 河北 | 311573 | 38201 | 28602 | 4161 | 240609 |
| 山西 | 84192 | 68578 | 2958 | — | 12656 |
| 内蒙古 | 296776 | 129691 | 11256 | 3071 | 152758 |
| 辽宁 | 52546 | 45439 | 13 | — | 7094 |
| 吉林 | 48266 | 38422 | 3762 | 42 | 6040 |
| 黑龙江 | 402752 | 110246 | 44358 | 7274 | 240874 |
| 上海 | 667 | — | — | — | 667 |
| 江苏 | 34303 | 4590 | 1472 | 155 | 28086 |
| 浙江 | 172414 | 2874 | 467 | — | 169073 |
| 安徽 | 571613 | 21990 | 10117 | 5980 | 533526 |
| 福建 | 232813 | 51429 | 7864 | 3203 | 170317 |
| 江西 | 118123 | 52043 | 10421 | 3518 | 52141 |
| 山东 | 240858 | 9641 | 5628 | 5146 | 220443 |
| 河南 | 143989 | 51064 | 3209 | 134 | 89582 |
| 湖北 | 420918 | 114117 | 53450 | 23724 | 229627 |
| 湖南 | 76128 | 24811 | 6837 | 986 | 43494 |
| 广东 | 502830 | 15848 | 32337 | 7755 | 446890 |
| 广西 | 1106677 | 14446 | 2977 | 25634 | 1063620 |
| 海南 | 185836 | 3476 | 318 | 3702 | 178340 |
| 重庆 | 197952 | 97544 | 15422 | 3653 | 81333 |
| 四川 | 132029 | 26879 | 16103 | 2196 | 86851 |
| 贵州 | 391029 | 31005 | 62121 | 4908 | 292995 |
| 云南 | 67629 | 16475 | 4960 | — | 46194 |
| 西藏 | — | — | — | — | — |
| 陕西 | 28242 | 5852 | 2968 | 2191 | 17231 |
| 甘肃 | 12381 | 7548 | 2244 | — | 2589 |
| 青海 | 14643 | 1793 | 4899 | — | 7951 |
| 宁夏 | 6080 | 667 | 100 | 533 | 4780 |
| 新疆 | 342719 | 11300 | 25951 | 2174 | 303294 |
| 大兴安岭 | 148092 | 147774 | 318 | — | — |

# 全国林草种苗生产情况

| 指标名称 | 单　位 | 本年实际 |
|---|---|---|
| **一、种子生产** | | |
| 1. 林木种子产量 | 吨 | 12697 |
| 其中：良种 | 吨 | 3657 |
| 2. 穗条产量 | 万条（根） | 207964 |
| 3. 草种产量 | 吨 | 16858 |
| **二、苗木生产** | | |
| 1. 育苗面积 | 公顷 | 986386 |
| 其中：新育 | 公顷 | 72974 |
| 2. 苗木产量 | 万株 | 3238614 |
| 其中：良种 | 万株 | 818659 |

# 各地区林草种苗生产情况

| 地　区 | 林木种子产量(吨) | | 穗条产量[万条(根)] | 草种产量(吨) | 育苗面积(公顷) | | 苗木产量(万株) | |
|---|---|---|---|---|---|---|---|---|
| | 合计 | 其中：良种 | | | 合计 | 其中：新育 | 合计 | 其中：良种 |
| **全　国** | **12697** | **3657** | **207964** | **16858** | **986386** | **72974** | **3238614** | **818659** |
| 北　京 | — | — | 1 | — | 8077 | 82 | 3913 | 24 |
| 天　津 | — | — | — | — | 6440 | 837 | 566 | 102 |
| 河　北 | 319 | 130 | 6525 | 94 | 76269 | 8711 | 223253 | 39544 |
| 山　西 | 1064 | 565 | 1687 | 226 | 62202 | 8837 | 287617 | 66739 |
| 内蒙古 | 1040 | 194 | 21381 | 1776 | 26542 | 1573 | 179444 | 79962 |
| 辽　宁 | 312 | 145 | 2122 | — | 18251 | 3623 | 153533 | 17387 |
| 吉　林 | 310 | 80 | 3405 | 58 | 12241 | 1296 | 188439 | 13276 |
| 黑龙江 | 175 | 139 | 1121 | 849 | 9531 | 1023 | 82398 | 27357 |
| 上　海 | — | — | 80 | — | 5013 | 74 | 3001 | 35 |
| 江　苏 | 105 | 57 | 14148 | — | 172337 | 8320 | 117462 | 19362 |
| 浙　江 | 72 | 2 | 21056 | — | 94154 | 3518 | 327084 | 49686 |
| 安　徽 | 151 | 44 | 15179 | — | 76832 | 2158 | 119831 | 32483 |
| 福　建 | 20 | 18 | 234 | — | 831 | 220 | 22694 | 10607 |
| 江　西 | 24 | 8 | 4855 | — | 32078 | 2868 | 109826 | 49048 |
| 山　东 | 143 | 6 | 5075 | — | 98507 | 3779 | 154053 | 66050 |
| 河　南 | 656 | 35 | 13554 | — | 41100 | 3889 | 129611 | 31494 |
| 湖　北 | 383 | 11 | 6092 | — | 42418 | 4578 | 84626 | 12467 |
| 湖　南 | 20 | 4 | 3904 | — | 5030 | 546 | 34804 | 16065 |
| 广　东 | 29 | 9 | 395 | — | 6809 | 841 | 63911 | 8037 |
| 广　西 | 291 | 91 | 28668 | — | 10352 | 1227 | 119698 | 47423 |
| 海　南 | 983 | 128 | 911 | — | 1759 | 469 | 6375 | 1354 |
| 重　庆 | 23 | 20 | 329 | — | 8641 | 437 | 39339 | 6268 |
| 四　川 | 203 | 54 | 3393 | 534 | 9131 | 663 | 29680 | 6176 |
| 贵　州 | 176 | 5 | 30973 | — | 13991 | 1051 | 108721 | 23370 |
| 云　南 | 666 | 97 | 5346 | 12 | 4870 | 1107 | 73566 | 18578 |
| 西　藏 | 321 | — | 80 | — | 6633 | 3180 | 5167 | 3858 |
| 陕　西 | 3154 | 795 | 2282 | — | 65577 | 2473 | 173019 | 25879 |
| 甘　肃 | 1052 | 661 | 1952 | 283 | 29469 | 1605 | 267827 | 71739 |
| 青　海 | 21 | 5 | 122 | 12756 | 3021 | 155 | 20607 | 4034 |
| 宁　夏 | 412 | 324 | 3440 | — | 14098 | 540 | 40119 | 18879 |
| 新　疆 | 570 | 30 | 9654 | 271 | 24100 | 3267 | 65227 | 51110 |
| 大兴安岭 | — | — | — | — | 81 | 27 | 3203 | 265 |

# 2

# 产业发展

## INDUSTRIAL DEVELOPMENT

# 全国林草产业总产值(一)

(按现行价格计算)

单位:万元

| 指　标 | 本年实际 |
|---|---|
| **林草产业总产值** | **971515365** |
| 1. 第一产业 | 308683227 |
| (1)林木育种和育苗 | 22457241 |
| (2)营造林 | 19229375 |
| (3)木材和竹材采运 | 17664402 |
| (4)经济林产品的种植与采集 | 187637527 |
| (5)花卉及其他观赏植物种植 | 31221344 |
| (6)陆生野生动物繁育 | 4063759 |
| (7)草种植及割草 | 4063540 |
| (8)其他 | 22346038 |
| 2. 第二产业 | 419967024 |
| (1)木材加工和木、竹、藤、棕、苇制品制造 | 153599595 |
| (2)木、竹、藤家具制造 | 77075377 |
| (3)木、竹、苇浆造纸和纸制品 | 78274677 |
| (4)林产化学产品制造 | 6903142 |
| (5)木质工艺品和木质文教体育用品制造 | 11786982 |
| (6)非木质林产品加工制造 | 65292682 |
| (7)饲草加工 | 1455222 |
| (8)其他 | 25579347 |

# 全国林草产业总产值(二)

(按现行价格计算)　　单位:万元

| 指　标 | 本年实际 |
| --- | --- |
| 3. 第三产业 | 242865114 |
| (1)林业生产服务 | 12051035 |
| (2)林业旅游与休闲服务 | 183544918 |
| (3)草原旅游与休闲服务 | 2747178 |
| (4)林业生态服务 | 12925785 |
| (5)林业专业技术服务 | 3646518 |
| (6)林草公共管理及其他组织服务 | 9623030 |
| (7)其他 | 18326648 |
| **补充资料:** | |
| 1. 竹产业产值 | 45460494 |
| 2. 林下经济产值 | 115950730 |

# 各地区林草

（按现行

| 地 区 | 总产值 | 第一产业 | | | | |
|---|---|---|---|---|---|---|
| | | 合计 | 林木育种和育苗 | 营造林 | 木材和竹材采运 | 经济林产品的种植与采集 |
| **全 国** | **971515365** | **308683227** | **22457241** | **19229375** | **17664402** | **187637527** |
| 北 京 | 1506616 | 668617 | 51167 | 341509 | 10503 | 133794 |
| 天 津 | 220363 | 201165 | 6706 | 25226 | 8571 | 128276 |
| 河 北 | 15375363 | 6668499 | 445732 | 607587 | 114684 | 4908547 |
| 山 西 | 6771533 | 5452268 | 699956 | 990040 | 36533 | 3117709 |
| 内蒙古 | 7370557 | 3754706 | 363779 | 762966 | 107427 | 764895 |
| 辽 宁 | 7994867 | 5240072 | 157425 | 113162 | 180947 | 4176650 |
| 吉 林 | 15173247 | 4321694 | 235361 | 159361 | 161662 | 2213691 |
| 黑龙江 | 13658960 | 7129889 | 233741 | 180644 | 122185 | 4183621 |
| 上 海 | 2574255 | 209725 | 2710 | 20798 | — | 146666 |
| 江 苏 | 52067151 | 11635597 | 2550060 | 562543 | 276958 | 4756578 |
| 浙 江 | 61600620 | 11818121 | 1629726 | 217507 | 470458 | 8141211 |
| 安 徽 | 57205821 | 15929297 | 1966461 | 1347309 | 1409726 | 8104781 |
| 福 建 | 76507467 | 13362525 | 127856 | 398512 | 1936549 | 7320419 |
| 江 西 | 65004353 | 14460646 | 1167076 | 816682 | 910002 | 8661809 |
| 山 东 | 65264951 | 20925634 | 4132445 | 318714 | 427443 | 13963235 |
| 河 南 | 24141527 | 10436522 | 871695 | 786811 | 472779 | 5374350 |
| 湖 北 | 54220720 | 20061080 | 1111793 | 1744210 | 1034909 | 11695120 |
| 湖 南 | 55744497 | 19279203 | 1761832 | 2285566 | 1032492 | 9893002 |
| 广 东 | 89502812 | 15604491 | 411265 | 637038 | 1723018 | 9500808 |
| 广 西 | 95690632 | 25778199 | 423685 | 1494482 | 4187167 | 13450687 |
| 海 南 | 5654940 | 3521780 | 39748 | 55695 | 121828 | 2860329 |
| 重 庆 | 17137904 | 7085809 | 288217 | 615595 | 189274 | 5295607 |
| 四 川 | 52313664 | 18006734 | 497731 | 780321 | 1075525 | 11597348 |
| 贵 州 | 42591878 | 12768249 | 666353 | 1141677 | 623061 | 7172149 |
| 云 南 | 45885004 | 23826867 | 769518 | 642993 | 922506 | 17626762 |
| 西 藏 | 584837 | 471810 | 24340 | 381171 | 1 | 3242 |
| 陕 西 | 17152180 | 13096860 | 1025685 | 712522 | 61305 | 9927789 |
| 甘 肃 | 5698603 | 4491719 | 344300 | 290710 | 2107 | 3482622 |
| 青 海 | 2224728 | 1864921 | 8092 | 99028 | — | 380377 |
| 宁 夏 | 2028911 | 708713 | 88767 | 149132 | 519 | 433293 |
| 新 疆 | 12140308 | 9606780 | 349121 | 371756 | 43983 | 8195814 |
| 大兴安岭 | 506096 | 295035 | 4898 | 178107 | 278 | 26348 |

# 产业总产值(一)

价格计算)

单位:万元

| | | | | 第二产业 | | | |
|---|---|---|---|---|---|---|---|
| 花卉及其他观赏植物种植 | 陆生野生动物繁育 | 草种植及割草 | 其他 | 合计 | 木材加工和木、竹、藤、棕、苇制品制造 | 木、竹、藤家具制造 | 木、竹、苇浆造纸和纸制品 |
| **31221344** | **4063759** | **4063540** | **22346038** | **419967024** | **153599595** | **77075377** | **78274677** |
| 44395 | 11366 | — | 75884 | — | — | — | — |
| 7650 | 1027 | — | 23709 | — | — | — | — |
| 420455 | 73851 | 29283 | 68360 | 7282781 | 4651588 | 467804 | 23151 |
| 104377 | 8151 | 14703 | 480800 | 680348 | 42596 | 25186 | 1250 |
| 14334 | 25244 | 1510606 | 205456 | 1198072 | 98201 | 9110 | 212010 |
| 116788 | 384055 | 34612 | 76433 | 1659838 | 667763 | 369640 | 255405 |
| 54779 | 432315 | 19691 | 1044833 | 5938880 | 1510114 | 118436 | 337452 |
| 23937 | 237346 | 81336 | 2067079 | 3072328 | 934083 | 373821 | 293623 |
| 39551 | — | — | — | 2315220 | 352300 | 852120 | 1110800 |
| 2887190 | 55203 | 6319 | 540746 | 33339535 | 18913409 | 2598886 | 6313883 |
| 868581 | 154109 | — | 336529 | 30714022 | 7537516 | 6632774 | 10673724 |
| 1940697 | 154075 | 11058 | 995190 | 24991875 | 14084034 | 2913951 | 632151 |
| 3377688 | 90667 | 1166 | 109669 | 50809518 | 16211054 | 6761988 | 11179079 |
| 1828865 | 30047 | — | 1046165 | 30922442 | 4794079 | 19653810 | 677026 |
| 1851162 | 123183 | 3937 | 105515 | 39224778 | 25223063 | 2475258 | 6064362 |
| 2038676 | 231149 | 6813 | 654250 | 9307908 | 4088177 | 1555657 | 914590 |
| 2176699 | 105838 | 7612 | 2184899 | 17238309 | 4773867 | 2772386 | 3317986 |
| 2392062 | 202411 | 84114 | 1627722 | 18971330 | 6016630 | 2888601 | 1408968 |
| 2832914 | 21033 | 4587 | 473828 | 54887952 | 4923339 | 18017650 | 23701466 |
| 2580681 | 363275 | 10640 | 3267582 | 45706384 | 30639862 | 2874612 | 5164727 |
| 373169 | 59760 | 185 | 11065 | 1611691 | 241000 | 5634 | 1163924 |
| 519746 | 14116 | 1364 | 161890 | 4603571 | 851372 | 1296567 | 1565157 |
| 1997749 | 80544 | 155399 | 1822118 | 13731363 | 3419699 | 3287363 | 2235702 |
| 218390 | 133245 | 120608 | 2692766 | 6958669 | 1863887 | 427787 | 442523 |
| 2021912 | 938448 | 641806 | 262922 | 10927178 | 1463676 | 530659 | 562290 |
| 1150 | 7 | 21001 | 40898 | 10893 | 125 | 10 | — |
| 301219 | 89527 | 40968 | 937846 | 2035067 | 232573 | 163228 | 23154 |
| 65413 | 30543 | 101580 | 174443 | 426408 | 10296 | 1100 | 56 |
| — | 234 | 657844 | 719346 | 113137 | 146 | — | — |
| 14886 | 10975 | 1064 | 10077 | 246989 | — | — | — |
| 106122 | 8 | 495047 | 44929 | 957923 | 49772 | 1341 | 218 |
| 107 | 2008 | 198 | 83091 | 82615 | 5373 | — | — |

# 各地区林草

（按现行

| 地　区 | 第二产业 | | | | | |
|---|---|---|---|---|---|---|
| | 林产化学产品制造 | 木质工艺品和木质文教体育用品制造 | 非木质林产品加工制造 | 饲草加工 | 其他 | 合计 |
| **全　国** | **6903142** | **11786982** | **65292682** | **1455222** | **25579347** | **242865114** |
| 北　京 | — | — | — | — | — | 837999 |
| 天　津 | — | — | — | — | — | 19198 |
| 河　北 | — | 23934 | 1966389 | 458 | 149456 | 1424083 |
| 山　西 | 2350 | 8275 | 446837 | 1541 | 152313 | 638917 |
| 内蒙古 | 250 | 228 | 150664 | 618382 | 109227 | 2417779 |
| 辽　宁 | 435 | 16522 | 246173 | 20 | 103880 | 1094957 |
| 吉　林 | 6377 | 8094 | 2373461 | 16307 | 1568639 | 4912673 |
| 黑龙江 | — | 23505 | 346588 | 10410 | 1090298 | 3456743 |
| 上　海 | — | — | — | — | — | 49310 |
| 江　苏 | 831977 | 332436 | 2329370 | — | 2019575 | 7092019 |
| 浙　江 | 355780 | 2068149 | 2556112 | 830 | 889136 | 19068477 |
| 安　徽 | 116822 | 693920 | 5324993 | 8680 | 1217325 | 16284649 |
| 福　建 | 1808311 | 4297856 | 8525119 | — | 2026112 | 12335424 |
| 江　西 | 935407 | 945591 | 2822444 | — | 1094085 | 19621265 |
| 山　东 | 18497 | 964793 | 4002259 | 25884 | 450662 | 5114539 |
| 河　南 | 10923 | 180990 | 1637095 | 1946 | 918531 | 4397097 |
| 湖　北 | 53806 | 152580 | 3686899 | 11678 | 2469107 | 16921331 |
| 湖　南 | 231621 | 455579 | 5801786 | 85378 | 2082768 | 17493964 |
| 广　东 | 794042 | 341472 | 3961132 | 373241 | 2775610 | 19010369 |
| 广　西 | 921197 | 607468 | 2986102 | 4210 | 2508207 | 24206049 |
| 海　南 | 730 | 395 | 199807 | — | 201 | 521469 |
| 重　庆 | 6557 | 29951 | 579284 | 2917 | 271766 | 5448524 |
| 四　川 | 163069 | 145496 | 3102576 | 12448 | 1365009 | 20575567 |
| 贵　州 | 67863 | 392266 | 2550100 | 91087 | 1123156 | 22864960 |
| 云　南 | 574299 | 92830 | 7087443 | 144396 | 471584 | 11130959 |
| 西　藏 | — | — | 35 | — | 10723 | 102134 |
| 陕　西 | 735 | 3836 | 1266727 | 16047 | 328767 | 2020253 |
| 甘　肃 | — | — | 373414 | 20344 | 21199 | 780476 |
| 青　海 | — | — | 111321 | 1650 | 20 | 246670 |
| 宁　夏 | — | — | 217775 | — | 29214 | 1073209 |
| 新　疆 | 1538 | 814 | 636130 | 7369 | 260740 | 1575605 |
| 大兴安岭 | 555 | 2 | 4649 | — | 72036 | 128446 |

# 产业总产值（二）

价格计算）

单位：万元

| 第三产业 | | | | | | | 补充资料 | |
|---|---|---|---|---|---|---|---|---|
| 林业生产服务 | 林业旅游与休闲服务 | 草原旅游与休闲服务 | 林业生态服务 | 林业专业技术服务 | 林草公共管理及其他组织服务 | 其他 | 竹产业产值 | 林下经济产值 |
| **12051035** | **183544918** | **2747178** | **12925785** | **3646518** | **9623030** | **18326648** | **45460494** | **115950730** |
| 43767 | 77719 | — | 193527 | 9892 | 416402 | 96691 | — | 22151 |
| 156 | 19042 | — | — | — | — | — | — | 4549 |
| 61742 | 1121635 | 20978 | 37318 | 30689 | 118559 | 33162 | — | 187882 |
| 80748 | 259289 | 17780 | 102764 | 14131 | 125532 | 38672 | — | 98773 |
| 83510 | 149731 | 1028874 | 510855 | 32192 | 216364 | 396253 | — | 435251 |
| 36096 | 782937 | 17580 | 149251 | 12908 | 61979 | 34206 | — | 228485 |
| 429958 | 1597718 | 445 | 72413 | 23529 | 523799 | 2264812 | 39 | 768195 |
| 193017 | 913828 | 50976 | 150314 | 28967 | 967531 | 1152110 | — | 4639031 |
| — | 49310 | — | — | — | — | — | — | 2461 |
| 726366 | 4844956 | 29912 | 584734 | 182943 | 242448 | 480660 | 28120 | 2900727 |
| 135271 | 15694806 | 510 | 404334 | 177983 | 925200 | 1730373 | 5577533 | 11965333 |
| 1112865 | 11656377 | 41148 | 1893306 | 360801 | 851748 | 368402 | 3092417 | 4815442 |
| 291107 | 10513333 | 912 | 600880 | 178577 | 442847 | 307769 | 10297332 | 8215153 |
| 435733 | 14617282 | — | 1834977 | 247187 | 375254 | 2110832 | 4608441 | 19465757 |
| 446871 | 3622289 | 1247 | 409129 | 196600 | 247994 | 190410 | 60 | 787872 |
| 272210 | 3019805 | 24920 | 781561 | 84106 | 142490 | 72005 | 7245 | 4415457 |
| 2533797 | 10782388 | 454985 | 1274518 | 356345 | 453585 | 1065713 | 931069 | 5243379 |
| 2047443 | 11293096 | 320221 | 1451634 | 604979 | 660122 | 1116469 | 3822629 | 4774073 |
| 319274 | 17627619 | 438 | 150986 | 122745 | 247680 | 541627 | 1736807 | 5462703 |
| 610503 | 20876161 | 557 | 173183 | 317552 | 292836 | 1935257 | 570064 | 13410966 |
| 2291 | 421856 | — | 8856 | 14804 | 63554 | 10108 | 872 | 316962 |
| 191746 | 4635737 | 10686 | 225507 | 119189 | 186910 | 78749 | 1145839 | 797390 |
| 419687 | 16967829 | 325284 | 576781 | 204395 | 339622 | 1741969 | 11123516 | 5130728 |
| 380680 | 21454453 | 34625 | 254354 | 59083 | 249482 | 432283 | 1367794 | 7586253 |
| 796999 | 7427031 | 115652 | 461274 | 151901 | 514211 | 1663890 | 1147278 | 12668929 |
| 230 | 55000 | 4 | 3526 | 89 | 29186 | 14099 | — | 836 |
| 211249 | 1142614 | 60945 | 109733 | 42728 | 126578 | 326407 | 3441 | 556406 |
| 22342 | 78254 | 7746 | 281902 | 15560 | 346816 | 27856 | — | 707898 |
| 342 | 36567 | 76465 | 4975 | 3879 | 113780 | 10662 | — | 340 |
| 63497 | 828704 | 120 | 84168 | 6646 | 88281 | 1793 | — | 73082 |
| 69429 | 974540 | 104168 | 130676 | 40773 | 193957 | 62062 | — | 239319 |
| 32109 | 3011 | — | 8349 | 5344 | 58285 | 21348 | — | 28950 |

# 全国主要林产工业产品产量 2023 年与 2022 年比较

| 主要指标 | 单　位 | 2022 年 | 2023 年 | 2023 年比 2022 年增减(%) |
|---|---|---|---|---|
| **木材产量** | **万立方米** | **12193** | **12701** | **4.17** |
| 1. 原木 | 万立方米 | 10586 | 10955 | 3.49 |
| 2. 薪材 | 万立方米 | 1607 | 1746 | 8.67 |
| **竹材产量** | **万根** | **421840** | **341798** | **-18.97** |
| **锯材产量** | **万立方米** | **5699** | **6072** | **6.55** |
| **人造板产量** | **万立方米** | **30110** | **36612** | **21.60** |
| **木竹地板产量** | **万平方米** | **65058** | **77912** | **19.76** |

# 全国主要木材、竹材产品产量

| 指标名称 | 单 位 | 全部产量 |
|---|---|---|
| **一、木材** | **万立方米** | **12701** |
| 1. 原木 | 万立方米 | 10955 |
| 2. 薪材 | 万立方米 | 1746 |
| **二、竹材** | **—** | **—** |
| (一)大径竹 | 万根 | 341798 |
| 1. 毛竹 | 万根 | 258407 |
| 2. 其他 | 万根 | 83391 |
| (二)小杂竹 | 万吨 | 1906 |

注:大径竹一般指直径在5厘米以上,以根为计量单位的竹材。

# 各地区主要木材、竹材产品产量

| 地区 | 木材（万立方米） | | | 竹材 | | | |
|---|---|---|---|---|---|---|---|
| | | | | 大径竹（万根） | | | 小杂竹（万吨） |
| | 合计 | 原木 | 薪材 | 合计 | 毛竹 | 其他 | |
| **全国** | **12701** | **10955** | **1746** | **341798** | **258407** | **83391** | **1906** |
| 北京 | — | — | — | — | — | — | — |
| 天津 | 12 | 12 | — | — | — | — | — |
| 河北 | 148 | 121 | 27 | — | — | — | — |
| 山西 | 27 | 15 | 12 | — | — | — | — |
| 内蒙古 | 144 | 140 | 4 | — | — | — | — |
| 辽宁 | 233 | 206 | 26 | — | — | — | — |
| 吉林 | 257 | 251 | 6 | — | — | — | — |
| 黑龙江 | 183 | 163 | 20 | — | — | — | — |
| 上海 | — | — | — | — | — | — | — |
| 江苏 | 182 | 158 | 24 | 483 | 469 | 14 | 1 |
| 浙江 | 86 | 85 | 1 | 22916 | 22492 | 424 | 25 |
| 安徽 | 561 | 448 | 112 | 19483 | 19478 | 5 | 17 |
| 福建 | 976 | 774 | 202 | 80792 | 71443 | 9349 | 158 |
| 江西 | 455 | 420 | 35 | 30989 | 26450 | 4539 | 14 |
| 山东 | 439 | 392 | 47 | — | — | — | — |
| 河南 | 232 | 202 | 30 | 229 | 136 | 93 | 1 |
| 湖北 | 335 | 260 | 74 | 43608 | 43525 | 83 | 7 |
| 湖南 | 518 | 463 | 55 | 28765 | 28274 | 491 | 25 |
| 广东 | 1376 | 1136 | 240 | 43882 | 19047 | 24836 | 596 |
| 广西 | 4246 | 3833 | 413 | 54355 | 18742 | 35613 | 67 |
| 海南 | 205 | 202 | 3 | — | — | — | — |
| 重庆 | 63 | 49 | 15 | 1710 | 559 | 1152 | 61 |
| 四川 | 331 | 301 | 30 | 4636 | 3254 | 1382 | 856 |
| 贵州 | 474 | 436 | 39 | 3946 | 2256 | 1690 | — |
| 云南 | 1104 | 787 | 317 | 5581 | 1982 | 3599 | 78 |
| 西藏 | — | — | — | — | — | — | — |
| 陕西 | 25 | 15 | 10 | 422 | 301 | 121 | 1 |
| 甘肃 | 5 | 4 | 1 | — | — | — | — |
| 青海 | — | — | — | — | — | — | — |
| 宁夏 | — | — | — | — | — | — | — |
| 新疆 | 87 | 83 | 4 | — | — | — | — |
| 大兴安岭 | — | — | — | — | — | — | — |

# 全国主要木竹加工产品及林化产品产量

| 指标名称 | 单　位 | 产　量 |
| --- | --- | --- |
| **一、锯材** | **万立方米** | **6072** |
| **二、人造板** | **万立方米** | **36612** |
| 1. 胶合板 | 万立方米 | 20005 |
| 2. 木质纤维板 | 万立方米 | 5023 |
| 3. 木质刨花板 | 万立方米 | 3272 |
| 4. 细木工板 | 万立方米 | 5313 |
| 5. 集成材 | 万立方米 | 143 |
| 6. 其他人造板 | 万立方米 | 2856 |
| **三、木竹地板** | **万平方米** | **77912** |
| 1. 实木地板 | 万平方米 | 7933 |
| 2. 实木复合木地板 | 万平方米 | 15678 |
| 3. 浸渍纸层压木质地板(强化木地板) | 万平方米 | 19755 |
| 4. 竹地板(含竹木复合地板) | 万平方米 | 4360 |
| 5. 其他木地板(含软木地板、木塑和木石塑复合地板等) | 万平方米 | 30187 |
| **四、林化产品** | **—** | **—** |
| 1. 松香类产品 | 吨 | 870861 |
| 2. 栲胶类产品 | 吨 | 24405 |
| 3. 紫胶类产品 | 吨 | 3012 |

# 各地区主要木竹加工

| 地　区 | 锯材（万立方米） | 人造板（万立方米） | | | | | | |
|---|---|---|---|---|---|---|---|---|
| | | 总计 | 胶合板 | 木质纤维板 | 木质刨花板 | 细木工板 | 集成材 | 其他人造板 |
| **全　国** | **6072** | **36612** | **20005** | **5023** | **3272** | **5313** | **143** | **2856** |
| 北京 | — | — | — | — | — | — | — | — |
| 天津 | — | — | — | — | — | — | — | — |
| 河北 | 158 | 2149 | 874 | 559 | 114 | 279 | 2 | 321 |
| 山西 | 2 | 5 | — | — | — | — | 5 | — |
| 内蒙古 | 131 | 29 | 22 | — | — | 4 | — | 4 |
| 辽宁 | 77 | 103 | 15 | 27 | 4 | 9 | — | 48 |
| 吉林 | 65 | 3066 | 286 | 6 | — | 2769 | 2 | 4 |
| 黑龙江 | 228 | 37 | 15 | 3 | — | 1 | 1 | 17 |
| 上海 | — | — | — | — | — | — | — | — |
| 江苏 | 281 | 5665 | 3696 | 706 | 915 | 295 | 3 | 50 |
| 浙江 | 259 | 610 | 178 | 89 | 24 | 193 | — | 127 |
| 安徽 | 532 | 3054 | 2059 | 363 | 350 | 102 | 4 | 175 |
| 福建 | 216 | 1612 | 1052 | 103 | 53 | 133 | 76 | 194 |
| 江西 | 369 | 598 | 165 | 126 | 95 | 123 | 14 | 76 |
| 山东 | 983 | 6796 | 4027 | 1152 | 568 | 643 | 2 | 404 |
| 河南 | 91 | 1366 | 571 | 293 | 91 | 35 | 2 | 374 |
| 湖北 | 153 | 1473 | 667 | 560 | 174 | 34 | 1 | 38 |
| 湖南 | 152 | 468 | 201 | 24 | 25 | 126 | 13 | 79 |
| 广东 | 134 | 909 | 182 | 257 | 129 | 10 | — | 331 |
| 广西 | 1512 | 7433 | 5569 | 510 | 498 | 506 | 9 | 341 |
| 海南 | 75 | 71 | 18 | — | 41 | — | — | 11 |
| 重庆 | 137 | 99 | 48 | 16 | 33 | — | — | 1 |
| 四川 | 117 | 478 | 117 | 147 | 67 | 24 | — | 123 |
| 贵州 | 159 | 131 | 58 | 6 | 8 | 18 | — | 42 |
| 云南 | 232 | 400 | 140 | 76 | 82 | 7 | 8 | 87 |
| 西藏 | — | — | — | — | — | — | — | — |
| 陕西 | 3 | 10 | 7 | — | 1 | — | — | 2 |
| 甘肃 | 2 | 1 | — | — | — | — | — | — |
| 青海 | — | — | — | — | — | — | — | — |
| 宁夏 | — | — | — | — | — | — | — | — |
| 新疆 | 5 | 48 | 39 | 1 | — | 1 | 2 | 5 |
| 大兴安岭 | — | — | — | — | — | — | — | — |

# 产品及林化产品产量

| 木竹地板(万平方米) | | | | | | 林化产品(吨) | | |
|---|---|---|---|---|---|---|---|---|
| 总计 | 实木地板 | 实木复合木地板 | 浸渍纸层压木质地板(强化木地板) | 竹地板(含竹木复合地板) | 其他木地板(含软木地板、木塑和木石塑复合地板等) | 松香类产品 | 栲胶类产品 | 紫胶类产品 |
| **77912** | **7933** | **15678** | **19755** | **4360** | **30187** | **870861** | **24405** | **3012** |
| — | — | — | — | — | — | — | — | — |
| — | — | — | — | — | — | — | — | — |
| 21 | 7 | 13 | — | — | — | — | 955 | — |
| — | — | — | — | — | — | — | — | — |
| — | — | — | — | — | — | — | — | — |
| 825 | 261 | 521 | — | — | 43 | — | — | — |
| 406 | 157 | 250 | — | — | — | — | — | — |
| 135 | 28 | 105 | 1 | — | 1 | — | — | — |
| — | — | — | — | — | — | — | — | — |
| 45592 | 2682 | 5815 | 8796 | 779 | 27520 | — | — | — |
| 6005 | 1386 | 1472 | 2233 | 630 | 284 | — | — | — |
| 9425 | 425 | 1371 | 6927 | 412 | 291 | 10166 | — | — |
| 3533 | 169 | 1151 | 582 | 1222 | 409 | 132894 | 393 | — |
| 2215 | 1311 | 126 | 2 | 708 | 68 | 139777 | — | — |
| 1458 | 228 | 673 | 531 | — | 26 | — | — | — |
| 342 | 25 | 314 | — | 3 | — | 18 | 700 | — |
| 1955 | 318 | 1532 | 14 | 86 | 6 | 7494 | 84 | — |
| 602 | 213 | 69 | 4 | 315 | 1 | 12123 | — | — |
| 1819 | 668 | 226 | — | 129 | 797 | 164192 | — | 682 |
| 2704 | 6 | 1981 | 650 | 29 | 39 | 308488 | 1924 | — |
| — | — | — | — | — | — | 757 | 19956 | — |
| 12 | 9 | — | — | 3 | — | — | — | — |
| 77 | 25 | 9 | 3 | 39 | — | — | — | — |
| 12 | 4 | 5 | — | 2 | 1 | 3740 | — | — |
| 773 | 12 | 44 | 12 | 3 | 702 | 91212 | 393 | 2330 |
| — | — | — | — | — | — | — | — | — |
| — | — | — | — | — | — | — | — | — |
| — | — | — | — | — | — | — | — | — |
| — | — | — | — | — | — | — | — | — |
| — | — | — | — | — | — | — | — | — |
| — | — | — | — | — | — | — | — | — |
| — | — | — | — | — | — | — | — | — |

# 全国主要经济林产品生产情况(一)

单位:吨

| 指　标 | 产　量 |
| --- | --- |
| **各类经济林产品总计** | **245610378** |
| **一、水果** | **192660726** |
| 1. 苹果 | 44083903 |
| 2. 柑橘 | 55531222 |
| 3. 梨 | 18581688 |
| 4. 葡萄 | 13519114 |
| 5. 桃 | 18877213 |
| 6. 杏 | 1751094 |
| 7. 荔枝 | 2772295 |
| 8. 龙眼 | 1995396 |
| 9. 猕猴桃 | 3138197 |
| 10. 其他水果 | 32410604 |
| **二、干果** | **13923786** |
| 1. 板栗 | 2576097 |
| 2. 枣 | 6479533 |
| 3. 仁用杏(大扁杏、山杏) | 468766 |
| 4. 柿子 | 2461476 |
| 5. 银杏 | 212321 |
| 6. 榛子 | 181332 |
| 7. 松子 | 193545 |
| 8. 薄壳山核桃 | 118723 |
| 9. 其他干果 | 1231992 |
| **三、林产饮料** | **3516193** |
| 1. 毛茶 | 3080880 |
| 2. 咖啡 | 148799 |
| 3. 其他林产饮料 | 286514 |
| **四、林产调料** | **1922325** |
| 1. 花椒 | 1194337 |
| 2. 八角 | 356246 |
| 3. 桂皮 | 171081 |
| 4. 其他林产调料 | 200661 |

# 全国主要经济林产品生产情况(二)

单位:吨

| 指　标 | 产　量 |
|---|---|
| **五、森林食品** | **12571542** |
| 1. 竹笋 | 8047194 |
| 2. 食用菌 | 3126431 |
| 3. 山野菜 | 444236 |
| 4. 香椿 | 180681 |
| 5. 其他森林食品 | 773001 |
| **六、森林药材** | **6197113** |
| 1. 杜仲 | 202803 |
| 2. 黄柏 | 112865 |
| 3. 厚朴 | 176334 |
| 4. 枸杞 | 296586 |
| 5. 山茱萸 | 49275 |
| 6. 沙棘 | 336080 |
| 7. 五味子 | 100676 |
| 8. 其他森林药材 | 4922495 |
| **七、木本油料** | **9689932** |
| 1. 油茶籽 | 3369641 |
| 2. 核桃 | 5865974 |
| 3. 油橄榄 | 107996 |
| 4. 文冠果 | 14477 |
| 5. 油用牡丹 | 39659 |
| 6. 其他木本油料 | 292185 |
| **八、林产工业原料** | **5128761** |
| 1. 漆树 | 8247 |
| 2. 油桐 | 208053 |
| 3. 乌桕 | 8456 |
| 4. 五倍子 | 18588 |
| 5. 棕片 | 30309 |
| 6. 松脂 | 1467192 |
| 7. 紫胶 | 2622 |
| 8. 橡胶 | 958181 |
| 9. 其他工业原料 | 2427113 |

# 各地区主要经济林

| 地区 | 各类 | | | | | | |
|---|---|---|---|---|---|---|---|
| | 总计 | 水果 | | | | | |
| | | 合计 | 苹果 | 柑橘 | 梨 | 葡萄 | 桃 |
| **全　国** | **245610378** | **192660726** | **44083903** | **55531222** | **18581688** | **13519114** | **18877213** |
| 北　京 | 396254 | 355749 | 54286 | — | 55990 | 18781 | 197137 |
| 天　津 | 233013 | 206159 | 20186 | — | 34183 | 48180 | 82607 |
| 河　北 | 10867062 | 9103585 | 2294921 | — | 3493043 | 1118779 | 1645056 |
| 山　西 | 11338357 | 8963839 | 4398204 | — | 1632594 | 495856 | 1820297 |
| 内蒙古 | 1292439 | 940721 | 455418 | — | 159419 | 57774 | 1685 |
| 辽　宁 | 6389556 | 5682725 | 2893684 | — | 1169487 | 327153 | 733740 |
| 吉　林 | 581053 | 301989 | 95617 | — | 58307 | 44405 | 2174 |
| 黑龙江 | 1186601 | 273655 | 135576 | — | 20482 | 27926 | 473 |
| 上　海 | 184723 | 184723 | — | 67698 | 30269 | 36390 | 43360 |
| 江　苏 | 3087665 | 2918111 | 513955 | 57845 | 680441 | 599126 | 847109 |
| 浙　江 | 7144453 | 4577286 | 155 | 1597178 | 378733 | 866010 | 508547 |
| 安　徽 | 5202760 | 4403253 | 277963 | 33926 | 1631845 | 502020 | 1435093 |
| 福　建 | 9957331 | 5804988 | — | 2188179 | 209301 | 208257 | 160009 |
| 江　西 | 6921588 | 4736953 | — | 3736595 | 154000 | 134627 | 112639 |
| 山　东 | 18923861 | 17392601 | 9288037 | 3 | 1187626 | 1024145 | 4379173 |
| 河　南 | 7548259 | 6452424 | 2693432 | 17778 | 1105836 | 493381 | 1415172 |
| 湖　北 | 11360526 | 8649726 | 7451 | 5646002 | 550194 | 363816 | 1294559 |
| 湖　南 | 12179767 | 9060972 | 81 | 7161068 | 307145 | 586026 | 448978 |
| 广　东 | 12054178 | 9837462 | — | 2712418 | 128514 | 32043 | 136152 |
| 广　西 | 27993077 | 24456612 | — | 16246998 | 489946 | 700669 | 272315 |
| 海　南 | 3155752 | 2477372 | — | 108540 | — | — | — |
| 重　庆 | 7061704 | 6037487 | 852 | 4558161 | 272991 | 149850 | 211711 |
| 四　川 | 19177119 | 14696183 | 974286 | 7434105 | 888305 | 589156 | 819337 |
| 贵　州 | 7130232 | 5201656 | 264839 | 851106 | 520316 | 382573 | 609167 |
| 云　南 | 16010244 | 9800678 | 968782 | 2718973 | 1088581 | 399547 | 610187 |
| 西　藏 | 9361 | 4933 | 2508 | 14 | 272 | 1829 | 235 |
| 陕　西 | 14992759 | 12645048 | 9372383 | 394595 | 351034 | 520081 | 449647 |
| 甘　肃 | 9128355 | 8234186 | 7107391 | — | 377727 | 341156 | 156786 |
| 青　海 | 114154 | 16059 | 4405 | — | 6250 | 100 | 1549 |
| 宁　夏 | 522845 | 355243 | 248719 | — | 25043 | 39733 | 19793 |
| 新　疆 | 13458609 | 8886353 | 2010771 | 40 | 1573813 | 3409727 | 462527 |
| 大兴安岭 | 6724 | 1996 | — | — | — | — | — |

# 产品生产情况(一)

单位:吨

| 经济林产品产量总计 | | | | | | | | |
|---|---|---|---|---|---|---|---|---|
| | | | | | 干果 | | | |
| 杏 | 荔枝 | 龙眼 | 猕猴桃 | 其他水果 | 合计 | 板栗 | 枣 | 仁用杏(大扁杏、山杏) |
| **1751094** | **2772295** | **1995396** | **3138197** | **32410604** | **13923786** | **2576097** | **6479533** | **468766** |
| 10980 | — | — | 270 | 18305 | 32642 | 16874 | 4350 | 1166 |
| 1594 | — | — | 119 | 19290 | 26679 | 2243 | 10632 | 60 |
| 106934 | — | — | 2436 | 442416 | 1498479 | 461311 | 667938 | 109158 |
| 191623 | — | — | — | 425266 | 1852261 | 3282 | 988903 | 52421 |
| 36429 | — | — | — | 229996 | 209476 | — | 4380 | 197256 |
| 44609 | — | — | 14651 | 499401 | 519444 | 179266 | 115491 | 38053 |
| 15246 | — | — | 172 | 86069 | 52275 | 760 | — | — |
| 1059 | — | — | 82 | 88057 | 63819 | — | — | 3 |
| — | — | — | 1119 | 5887 | — | — | — | — |
| 5233 | — | — | 28183 | 186218 | 64221 | 16169 | 2899 | — |
| 259 | — | — | 99437 | 1126967 | 126461 | 49806 | 997 | — |
| 44472 | — | — | 41050 | 436884 | 155314 | 94368 | 12567 | 18 |
| — | 137863 | 251867 | 25075 | 2624437 | 246534 | 92965 | 1 | — |
| — | — | — | 117336 | 481756 | 32078 | 21632 | 654 | — |
| 190418 | — | — | 85907 | 1237291 | 1103579 | 229598 | 669611 | 38 |
| 98332 | — | — | 171357 | 457136 | 366477 | 194755 | 24866 | 467 |
| 5299 | — | — | 123784 | 658622 | 645713 | 411013 | 24209 | 12487 |
| 397 | — | — | 204693 | 352584 | 178735 | 104445 | 44679 | 70 |
| — | 1430341 | 956869 | 83819 | 4357305 | 202173 | 69584 | 6956 | — |
| 215 | 858998 | 541416 | 36295 | 5309760 | 1178070 | 128087 | 18979 | — |
| — | 227390 | 63703 | — | 2077740 | 100586 | — | — | — |
| 3471 | 590 | 19122 | 35761 | 784977 | 33453 | 17471 | 1977 | — |
| 12953 | 72659 | 143988 | 710083 | 3051310 | 154145 | 80756 | 25482 | — |
| 575 | 80 | 1104 | 322973 | 2248923 | 140139 | 104419 | 1861 | 13 |
| 8857 | 44375 | 17327 | 30156 | 3913893 | 277878 | 188199 | 15843 | 18 |
| 19 | — | — | — | 56 | 1348 | — | — | 14 |
| 84650 | — | — | 1003430 | 469230 | 1137754 | 108250 | 615561 | 28281 |
| 84588 | — | — | — | 166538 | 129526 | 845 | 94104 | 16203 |
| 3293 | — | — | — | 462 | — | — | — | — |
| 12108 | — | — | — | 9847 | 93771 | — | 57514 | 13042 |
| 787481 | — | — | 11 | 641982 | 3297939 | — | 3069079 | — |
| — | — | — | — | 1996 | 2816 | — | — | — |

# 各地区主要经济林

| 地 区 | 各类 | | | | | |
|---|---|---|---|---|---|---|
| | 干果 | | | | | |
| | 柿子 | 银杏 | 榛子 | 松子 | 薄壳山核桃 | 其他干果 |
| **全 国** | **2461476** | **212321** | **181332** | **193545** | **118723** | **1231992** |
| 北 京 | 9986 | — | 3 | — | — | 263 |
| 天 津 | 7238 | — | 15 | — | 4274 | 2217 |
| 河 北 | 225705 | 41 | 24867 | — | — | 9458 |
| 山 西 | 327656 | — | 730 | 3785 | — | 475485 |
| 内蒙古 | — | — | 7839 | 2 | — | — |
| 辽 宁 | — | — | 92568 | 76066 | — | 18000 |
| 吉 林 | — | — | 15363 | 28144 | 573 | 7435 |
| 黑龙江 | — | — | 32796 | 27094 | 2411 | 1515 |
| 上 海 | — | — | — | — | — | — |
| 江 苏 | 12963 | 27855 | 84 | 140 | 3455 | 656 |
| 浙 江 | 28158 | 1843 | — | — | 28711 | 16946 |
| 安 徽 | 17234 | 3396 | 838 | — | 13081 | 13812 |
| 福 建 | 70843 | 3841 | — | — | 6 | 78878 |
| 江 西 | 4865 | 5 | — | — | 244 | 4679 |
| 山 东 | 180526 | 8420 | 5688 | — | 5140 | 4558 |
| 河 南 | 118750 | 2893 | 97 | — | 23864 | 785 |
| 湖 北 | 42833 | 71747 | 11 | 657 | 5069 | 77688 |
| 湖 南 | 10997 | 245 | — | 1 | 2483 | 15815 |
| 广 东 | 38733 | 282 | — | — | — | 86618 |
| 广 西 | 944716 | 44787 | 75 | 90 | 424 | 40913 |
| 海 南 | — | — | — | — | — | 100586 |
| 重 庆 | 11101 | 1984 | — | 358 | 456 | 106 |
| 四 川 | 11569 | 16242 | 55 | 12602 | 5620 | 1819 |
| 贵 州 | 10717 | 1880 | — | 9222 | 5394 | 6634 |
| 云 南 | 25358 | 1123 | 1 | 31037 | 4898 | 11401 |
| 西 藏 | — | — | — | — | 1334 | — |
| 陕 西 | 351226 | 25738 | — | 1583 | 2138 | 4978 |
| 甘 肃 | 10302 | — | — | — | 5707 | 2365 |
| 青 海 | — | — | — | — | — | — |
| 宁 夏 | — | — | 33 | — | — | 23182 |
| 新 疆 | — | — | 218 | — | 3442 | 225199 |
| 大兴安岭 | — | — | 51 | 2765 | — | — |

# 产品生产情况(二)

单位:吨

| 经济林产品产量总计 | | | | | | | | |
|---|---|---|---|---|---|---|---|---|
| 林产饮料 | | | | 林产调料 | | | | |
| 合计 | 毛茶 | 咖啡 | 其他林产饮料 | 合计 | 花椒 | 八角 | 桂皮 | 其他林产调料 |
| **3516193** | **3080880** | **148799** | **286514** | **1922325** | **1194337** | **356246** | **171081** | **200661** |
| — | — | — | — | — | — | — | — | — |
| — | — | — | — | 3 | 3 | — | — | — |
| — | — | — | — | 3885 | 3885 | — | — | — |
| 175 | 175 | — | — | 33651 | 33651 | — | — | — |
| 8972 | — | — | 8972 | — | — | — | — | — |
| — | — | — | — | — | — | — | — | — |
| 4688 | — | — | 4688 | — | — | — | — | — |
| 539 | — | — | 539 | 3 | — | — | — | 3 |
| — | — | — | — | — | — | — | — | — |
| 11025 | 10142 | — | 883 | 238 | 196 | — | — | 42 |
| 190621 | 180179 | — | 10442 | — | — | — | — | — |
| 155775 | 152694 | — | 3081 | 734 | 90 | — | 159 | 485 |
| 526181 | 521576 | — | 4605 | 717 | 705 | 8 | 4 | — |
| 59480 | 56563 | — | 2917 | 1267 | 26 | 13 | 328 | 900 |
| 69146 | 41150 | — | 27997 | 43177 | 43165 | — | — | 12 |
| 38556 | 38556 | — | — | 61054 | 61054 | — | — | — |
| 479768 | 425924 | — | 53844 | 12504 | 9355 | 441 | 73 | 2636 |
| 191229 | 164863 | — | 26366 | 7443 | 959 | 83 | 40 | 6361 |
| 169750 | 139122 | 4438 | 26190 | 122659 | 1520 | 5935 | 110152 | 5052 |
| 94366 | 76766 | — | 17600 | 319862 | 26 | 259876 | 59691 | 270 |
| 3380 | 640 | 2204 | 537 | 6866 | — | — | — | 6866 |
| 37809 | 37186 | — | 622 | 382243 | 381738 | 218 | 122 | 166 |
| 306417 | 283929 | — | 22489 | 135622 | 135569 | 3 | 25 | 25 |
| 390298 | 317275 | — | 73024 | 81611 | 80084 | 12 | 132 | 1384 |
| 684904 | 541537 | 142157 | 1210 | 394897 | 128423 | 89659 | 356 | 176460 |
| 2 | — | — | 2 | 65 | 65 | — | — | — |
| 92605 | 92605 | — | — | 202750 | 202750 | — | — | — |
| — | — | — | — | 110774 | 110774 | — | — | — |
| 1 | — | — | 1 | 40 | 40 | — | — | — |
| — | — | — | — | 260 | 260 | — | — | — |
| — | — | — | — | — | — | — | — | — |
| 506 | — | — | 506 | — | — | — | — | — |

# 各地区主要经济林

| 地区 | 各类 | | | | | |
|---|---|---|---|---|---|---|
| | 森林食品 | | | | | |
| | 合计 | 竹笋 | 食用菌 | 山野菜 | 香椿 | 其他森林食品 |
| **全国** | **12571542** | **8047194** | **3126431** | **444236** | **180681** | **773001** |
| 北京 | — | — | — | — | — | — |
| 天津 | — | — | — | — | — | — |
| 河北 | 8404 | — | 4594 | 3763 | 22 | 25 |
| 山西 | 14542 | — | 9670 | 250 | 4590 | 32 |
| 内蒙古 | 29446 | — | 24772 | 1692 | — | 2982 |
| 辽宁 | 69064 | — | 23089 | 44993 | — | 982 |
| 吉林 | 98388 | — | 59247 | 30917 | 6 | 8219 |
| 黑龙江 | 633834 | — | 413940 | 90018 | 2579 | 127297 |
| 上海 | — | — | — | — | — | — |
| 江苏 | 78260 | 25360 | 49485 | 1000 | 104 | 2311 |
| 浙江 | 2089513 | 1890614 | 168421 | 407 | 39 | 30032 |
| 安徽 | 215988 | 145860 | 39932 | 12038 | 11790 | 6368 |
| 福建 | 2783839 | 1934125 | 847627 | 137 | 347 | 1604 |
| 江西 | 1093163 | 936130 | 104288 | 16214 | 35 | 36497 |
| 山东 | 53872 | — | 7492 | 7140 | 37038 | 2202 |
| 河南 | 18377 | 214 | 8474 | 1150 | 2866 | 5673 |
| 湖北 | 598962 | 85204 | 363112 | 14844 | 45037 | 90765 |
| 湖南 | 533094 | 445471 | 29201 | 35794 | 751 | 21877 |
| 广东 | 343606 | 322791 | 12306 | 960 | 2 | 7547 |
| 广西 | 226178 | 148179 | 64555 | 614 | 4 | 12825 |
| 海南 | 5175 | 135 | 5040 | — | — | — |
| 重庆 | 239117 | 201515 | 5683 | 6301 | 23458 | 2160 |
| 四川 | 1548532 | 1102634 | 321819 | 12974 | 28613 | 82493 |
| 贵州 | 778753 | 345548 | 257920 | 95181 | 5842 | 74261 |
| 云南 | 970415 | 459246 | 184308 | 58673 | 11864 | 256324 |
| 西藏 | 162 | — | 162 | — | — | — |
| 陕西 | 135985 | 4169 | 120161 | 5674 | 5691 | 291 |
| 甘肃 | 3278 | — | 348 | 2923 | 1 | 6 |
| 青海 | 6 | — | 6 | — | — | — |
| 宁夏 | 260 | — | — | 260 | — | — |
| 新疆 | 429 | — | 198 | — | 1 | 230 |
| 大兴安岭 | 901 | — | 582 | 319 | — | — |

# 产品生产情况(三)

单位:吨

| 经济林产品产量总计 | | | | | | | | |
|---|---|---|---|---|---|---|---|---|
| 森林药材 | | | | | | | | |
| 合计 | 杜仲 | 黄柏 | 厚朴 | 枸杞 | 山茱萸 | 沙棘 | 五味子 | 其他森林药材 |
| **6197113** | **202803** | **112865** | **176334** | **296586** | **49275** | **336080** | **100676** | **4922495** |
| — | — | — | — | — | — | — | — | — |
| 33 | — | — | — | — | — | — | — | 33 |
| 38886 | 32 | 2 | — | 1400 | — | 17700 | 5 | 19747 |
| 170428 | 491 | 2 | 3 | 447 | 1756 | 72721 | — | 95008 |
| 95285 | — | — | — | 2913 | — | 53057 | 1 | 39314 |
| 55118 | — | — | — | — | — | 280 | 17451 | 37387 |
| 106989 | 1 | 200 | — | 22 | — | 1633 | 25252 | 79881 |
| 212288 | — | — | — | 1 | — | 83839 | 15270 | 113178 |
| — | — | — | — | — | — | — | — | — |
| 15397 | 13 | — | — | — | — | — | — | 15384 |
| 45806 | 138 | — | 1242 | 39 | 2369 | — | — | 42018 |
| 138211 | 949 | 277 | 558 | — | 1501 | — | 65 | 134860 |
| 121788 | 268 | — | 2313 | — | — | — | — | 119207 |
| 243149 | 8038 | 110 | 84 | 10 | 463 | — | — | 234444 |
| 123396 | 178 | — | — | 25 | — | — | — | 123193 |
| 330834 | 64137 | 33215 | 43305 | 75 | 19284 | — | 860 | 169958 |
| 438098 | 13269 | 15664 | 13920 | 68 | 1366 | 30 | 559 | 393221 |
| 849477 | 42609 | 8423 | 24538 | 11 | 1617 | — | 28858 | 743420 |
| 381384 | 15 | — | — | — | 3679 | — | 36 | 377654 |
| 515681 | 6921 | — | 10574 | 2 | 3190 | — | — | 494995 |
| 205471 | — | — | — | — | — | — | — | 205471 |
| 241725 | 11840 | 9750 | 4093 | 353 | 196 | — | 11 | 215482 |
| 325454 | 21639 | 29738 | 49874 | 6 | 277 | 53 | 250 | 223617 |
| 296720 | 17844 | 8773 | 1489 | — | 264 | — | 221 | 268129 |
| 557494 | 186 | 5811 | 39 | 5 | 30 | — | 99 | 551324 |
| 36 | — | — | — | 12 | — | 24 | — | — |
| 276846 | 14156 | 900 | 24302 | — | 13133 | 40900 | 11706 | 171749 |
| 144529 | 81 | — | — | 112880 | — | 21690 | — | 9878 |
| 94449 | — | — | — | 94449 | — | — | — | — |
| 69523 | — | — | — | 64339 | — | 670 | — | 4514 |
| 102117 | — | — | — | 19529 | 150 | 43483 | — | 38954 |
| 505 | — | — | — | — | — | — | 32 | 473 |

# 各地区主要经济林

| 地　区 | 各类 | | | | | | |
|---|---|---|---|---|---|---|---|
| | 木本油料 | | | | | | |
| | 合计 | 油茶籽 | 核桃 | 油橄榄 | 文冠果 | 油用牡丹 | 其他木本油料 |
| **全　国** | **9689932** | **3369641** | **5865974** | **107996** | **14477** | **39659** | **292185** |
| 北　京 | 7863 | — | 7863 | — | — | — | — |
| 天　津 | 139 | — | 5 | — | 133 | — | — |
| 河　北 | 213823 | — | 213594 | — | 192 | 37 | — |
| 山　西 | 303460 | — | 299564 | — | 353 | 1244 | 2300 |
| 内蒙古 | 8540 | — | 1 | — | 5445 | — | 3094 |
| 辽　宁 | 63205 | — | 61295 | — | 560 | 1350 | — |
| 吉　林 | 16724 | — | 16700 | — | 10 | — | 14 |
| 黑龙江 | 1133 | — | 1132 | — | 1 | — | — |
| 上　海 | — | — | — | — | — | — | — |
| 江　苏 | 414 | — | 113 | — | — | 301 | — |
| 浙　江 | 111904 | 109409 | 595 | 41 | — | — | 1858 |
| 安　徽 | 114064 | 71810 | 27204 | — | — | 9821 | 5228 |
| 福　建 | 177959 | 171228 | — | — | — | — | 6731 |
| 江　西 | 628031 | 623005 | 3 | — | — | 21 | 5003 |
| 山　东 | 113412 | — | 111408 | — | 532 | 1165 | 308 |
| 河　南 | 258515 | 53608 | 199153 | 5 | 53 | 4695 | 1001 |
| 湖　北 | 420713 | 270957 | 69091 | 1077 | — | 2670 | 76918 |
| 湖　南 | 1275542 | 1266388 | 7099 | — | — | — | 2055 |
| 广　东 | 211397 | 199441 | — | — | — | — | 11956 |
| 广　西 | 395792 | 384532 | 8381 | 90 | — | — | 2788 |
| 海　南 | 3999 | 3999 | — | — | — | — | — |
| 重　庆 | 65053 | 23461 | 38997 | 2500 | — | 15 | 80 |
| 四　川 | 769815 | 18432 | 697692 | 46587 | — | 2470 | 4634 |
| 贵　州 | 204662 | 125109 | 78474 | 20 | — | 1 | 1059 |
| 云　南 | 2182427 | 31493 | 1987456 | 3672 | — | — | 159806 |
| 西　藏 | 2814 | — | 2770 | — | — | 44 | — |
| 陕　西 | 453492 | 16768 | 414855 | 20 | 513 | 14723 | 6613 |
| 甘　肃 | 505883 | — | 446150 | 53985 | 4436 | 612 | 700 |
| 青　海 | 3598 | — | 3258 | — | — | 300 | 40 |
| 宁　夏 | 3789 | — | 2804 | — | 805 | 180 | — |
| 新　疆 | 1171772 | — | 1170318 | — | 1445 | 10 | — |
| 大兴安岭 | — | — | — | — | — | — | — |

# 产品生产情况(四)

单位:吨

| 经济林产品产量总计 | | | | | | | | | |
|---|---|---|---|---|---|---|---|---|---|
| 林产工业原料 | | | | | | | | | |
| 合计 | 漆树 | 油桐 | 乌桕 | 五倍子 | 棕片 | 松脂 | 紫胶 | 橡胶 | 其他工业原料 |
| **5128761** | **8247** | **208053** | **8456** | **18588** | **30309** | **1467192** | **2622** | **958181** | **2427113** |
| — | — | — | — | — | — | — | — | — | — |
| — | — | — | — | — | — | — | — | — | — |
| — | — | — | — | — | — | — | — | — | — |
| — | — | — | — | — | — | — | — | — | — |
| — | — | — | — | — | — | — | — | — | — |
| — | — | — | — | — | — | — | — | — | — |
| — | — | — | — | — | — | — | — | — | — |
| 1330 | — | — | — | — | — | — | — | — | 1330 |
| — | — | — | — | — | — | — | — | — | — |
| — | — | — | — | — | — | — | — | — | — |
| 2863 | — | 50 | 66 | — | 17 | — | — | — | 2730 |
| 19422 | — | 509 | 302 | — | 445 | 17099 | — | — | 1067 |
| 295324 | — | 16470 | 203 | — | 8474 | 120059 | 898 | 1975 | 147245 |
| 127467 | — | 10434 | 29 | — | 1963 | 113991 | — | — | 1050 |
| 24678 | — | — | — | — | — | — | — | — | 24678 |
| 22022 | 1162 | 19595 | 1265 | — | — | — | — | — | — |
| 115043 | 1132 | 11824 | 5856 | 5945 | 2822 | 13822 | — | — | 73642 |
| 83274 | 360 | 8136 | 90 | 1535 | 172 | 56140 | — | — | 16842 |
| 785749 | 87 | 3890 | 326 | — | 192 | 316100 | 43 | 10315 | 454796 |
| 806516 | 1 | 69992 | 31 | 4779 | 1434 | 730149 | 128 | — | 3 |
| 352903 | — | — | — | — | — | 1113 | — | 351790 | — |
| 24818 | 317 | 20327 | 15 | 794 | 859 | 3 | — | — | 2502 |
| 1240951 | 15 | 405 | — | 42 | 26 | — | — | — | 1240463 |
| 36393 | 156 | 21332 | 141 | 4312 | 362 | 9580 | — | 5 | 505 |
| 1141551 | 1088 | 11687 | — | 2 | 11123 | 89136 | 1553 | 594097 | 432864 |
| — | — | — | — | — | — | — | — | — | — |
| 48278 | 3929 | 13402 | 132 | 1000 | 2420 | — | — | — | 27395 |
| 179 | — | — | — | 179 | — | — | — | — | — |
| — | — | — | — | — | — | — | — | — | — |
| — | — | — | — | — | — | — | — | — | — |
| — | — | — | — | — | — | — | — | — | — |
| — | — | — | — | — | — | — | — | — | — |

# 全国油茶产业发展情况(一)

| 指　标 | 单　位 | 产　量 |
|---|---|---|
| **一、年末实有油茶林面积** | **公顷** | **4813073** |
| 其中:当年新增 | 公顷 | 324943 |
| 当年低改 | 公顷 | 317726 |
| **二、油茶籽产量** | **吨** | **3369641** |
| **三、茶油产量** | **吨** | **763706** |
| **四、经营主体** | **—** | **—** |
| 1. 小农户 | 户 | 2386335 |
| 2. 家庭林场 | 个 | 22811 |
| 3. 专业合作社 | 个 | 11144 |
| 4. 种植企业 | 个 | 3919 |

# 全国油茶产业发展情况(二)

| 指　标 | 单　位 | 产　量 |
| --- | --- | --- |
| **五、茶油加工** | — | — |
| 1. 小作坊 | — | — |
| (1)数量 | 个 | 14984 |
| (2)产油量 | 吨 | 345514 |
| 2. 规模以上加工企业 | — | — |
| (1)数量 | 个 | 447 |
| (2)产油量 | 吨 | 244835 |
| 3. 其他加工企业 | — | — |
| (1)数量 | 个 | 1449 |
| (2)产油量 | 吨 | 68895 |

# 各地区油茶

| 地区 | 年末实有油茶林面积(公顷) | | | 油茶籽产量（吨） | 茶油产量（吨） |
|---|---|---|---|---|---|
| | 合计 | 其中 | | | |
| | | 当年新增 | 当年低改 | | |
| **全　国** | **4813073** | **324943** | **317726** | **3369641** | **763706** |
| 北　京 | — | — | — | — | — |
| 天　津 | — | — | — | — | — |
| 河　北 | — | — | — | — | — |
| 山　西 | — | — | — | — | — |
| 内蒙古 | — | — | — | — | — |
| 辽　宁 | — | — | — | — | — |
| 吉　林 | — | — | — | — | — |
| 黑龙江 | — | — | — | — | — |
| 上　海 | — | — | — | — | — |
| 江　苏 | — | — | — | — | — |
| 浙　江 | 166294 | 11975 | 10472 | 109409 | 24997 |
| 安　徽 | 164839 | 6850 | 6564 | 71810 | 12329 |
| 福　建 | 167225 | 2012 | 12457 | 171228 | 26423 |
| 江　西 | 1099052 | 61919 | 62466 | 623005 | 144068 |
| 山　东 | — | — | — | — | — |
| 河　南 | 94625 | 12248 | 8223 | 53608 | 11774 |
| 湖　北 | 307968 | 25615 | 19739 | 270957 | 63420 |
| 湖　南 | 1551641 | 62919 | 108341 | 1266388 | 320417 |
| 广　东 | 200405 | 19500 | 6536 | 199441 | 45204 |
| 广　西 | 489581 | 56176 | 30901 | 384532 | 70902 |
| 海　南 | 13075 | 4287 | 257 | 3999 | 722 |
| 重　庆 | 72737 | 8991 | 1720 | 23461 | 4364 |
| 四　川 | 57687 | 14771 | 1932 | 18432 | 4185 |
| 贵　州 | 267035 | 16186 | 26828 | 125109 | 25295 |
| 云　南 | 125135 | 13603 | 18329 | 31493 | 6193 |
| 西　藏 | — | — | — | — | — |
| 陕　西 | 35774 | 7893 | 2962 | 16768 | 3413 |
| 甘　肃 | — | — | — | — | — |
| 青　海 | — | — | — | — | — |
| 宁　夏 | — | — | — | — | — |
| 新　疆 | — | — | — | — | — |
| 大兴安岭 | — | — | — | — | — |

# 产业发展情况

| 经营主体 | | | | 茶油加工 | | | | | |
|---|---|---|---|---|---|---|---|---|---|
| | | | | 小作坊 | | 规模以上加工企业 | | 其他加工企业 | |
| 小农户（户） | 家庭林场（个） | 专业合作社（个） | 种植企业（个） | 数量（个） | 产油量（吨） | 数量（个） | 产油量（吨） | 数量（个） | 产油量（吨） |
| **2386335** | **22811** | **11144** | **3919** | **14984** | **345514** | **447** | **244835** | **1449** | **68895** |
| — | — | — | — | — | — | — | — | — | — |
| — | — | — | — | — | — | — | — | — | — |
| — | — | — | — | — | — | — | — | — | — |
| — | — | — | — | — | — | — | — | — | — |
| — | — | — | — | — | — | — | — | — | — |
| — | — | — | — | — | — | — | — | — | — |
| — | — | — | — | — | — | — | — | — | — |
| — | — | — | — | — | — | — | — | — | — |
| — | — | — | — | — | — | — | — | — | — |
| — | — | — | — | — | — | — | — | — | — |
| 64938 | 519 | 632 | 246 | 553 | 11789 | 17 | 6644 | 25 | 4591 |
| 45585 | 288 | 278 | 377 | 188 | 1884 | 16 | 7746 | 50 | 3529 |
| 67606 | 297 | 668 | 192 | 1194 | 18574 | 22 | 3922 | 40 | 3927 |
| 500558 | 18682 | 1715 | 688 | 4220 | 78705 | 89 | 48291 | 70 | 6289 |
| — | — | — | — | — | — | — | — | — | — |
| 24661 | 238 | 293 | 175 | 332 | 2726 | 16 | 7089 | 23 | 1343 |
| 193134 | 1152 | 1436 | 184 | 1003 | 14576 | 54 | 30193 | 75 | 4787 |
| 905301 | 443 | 3879 | 1126 | 4254 | 166829 | 123 | 100796 | 855 | 31690 |
| 107834 | 178 | 770 | 269 | 848 | 18480 | 36 | 12280 | 210 | 3395 |
| 175681 | 118 | 381 | 170 | 1598 | 22746 | 36 | 14001 | 25 | 755 |
| 9290 | 3 | 12 | 49 | 145 | 450 | 4 | 9 | 4 | 7 |
| 17033 | 37 | 56 | 104 | 32 | 268 | 6 | 4500 | 24 | 631 |
| 65080 | 37 | 120 | 72 | 75 | 1766 | 2 | 689 | 9 | 1430 |
| 58012 | 795 | 817 | 181 | 372 | 4455 | 15 | 6515 | 21 | 3149 |
| 151205 | 1 | 53 | 28 | 161 | 2248 | 8 | 1339 | 4 | 68 |
| — | — | — | — | — | — | — | — | — | — |
| 417 | 23 | 34 | 58 | 9 | 18 | 3 | 820 | 14 | 3303 |
| — | — | — | — | — | — | — | — | — | — |
| — | — | — | — | — | — | — | — | — | — |
| — | — | — | — | — | — | — | — | — | — |
| — | — | — | — | — | — | — | — | — | — |
| — | — | — | — | — | — | — | — | — | — |

# 全国花卉产业发展情况(一)

| 指标名称 | 单　位 | 本年实际 |
|---|---|---|
| **一、年末实有种植面积** | **公顷** | **1389857** |
| 1. 观赏苗木 | 公顷 | 824428 |
| 2. 盆栽植物类(包括盆栽植物、盆景) | 公顷 | 106274 |
| 3. 鲜切花(切花、切叶、切枝) | 公顷 | 63263 |
| 4. 食用与药用花卉 | 公顷 | 281307 |
| 5. 种子、种球、种苗花卉 | 公顷 | 40440 |
| 6. 其他 | 公顷 | 74146 |
| **二、主要类别产量** | **—** | **—** |
| 1. 观赏苗木 | 万株 | 1732814 |
| 2. 盆栽植物类(包括盆栽植物、盆景) | 万盆 | 3425407 |
| 3. 鲜切花(切花、切叶、切枝) | 万支 | 3153878 |
| 4. 食用与药用花卉 | 千克 | 732414238 |

# 全国花卉产业发展情况(二)

| 指标名称 | 单　位 | 本年实际 |
| --- | --- | --- |
| **三、销售额** | **万元** | **21679479** |
| 1. 观赏苗木 | 万元 | 9306299 |
| 2. 盆栽植物类(包括盆栽植物、盆景) | 万元 | 6521977 |
| 3. 鲜切花(切花、切叶、切枝) | 万元 | 2414392 |
| 4. 食用与药用花卉 | 万元 | 1843466 |
| 5. 种子、种球、种苗花卉 | 万元 | 664170 |
| 6. 其他 | 万元 | 929175 |
| **四、出口额** | **万美元** | **103516** |
| **五、大型花卉市场** | **个** | **588** |
| **六、大型花卉企业** | **个** | **3860** |
| **七、设施化栽培面积** | **万平方米** | **133510** |
| **八、花卉从业人员期末人数** | **人** | **5344044** |
| 其中:花农 | 户 | 1796966 |
| 具有工程师(含)职称以上从业人员 | 人 | 70372 |

# 各地区花卉产

| 地　区 | 年末实有花卉种植面积(公顷) | | | | |
| --- | --- | --- | --- | --- | --- |
| | 合计 | 观赏苗木 | 盆栽植物类(包括盆栽植物、盆景) | 鲜切花(切花、切叶、切枝) | 食用与药用花卉 |
| **全　国** | **1389857** | **824428** | **106274** | **63263** | **281307** |
| 北　京 | 1587 | 370 | 687 | 222 | 221 |
| 天　津 | 319 | 16 | 133 | 136 | 34 |
| 河　北 | 35738 | 23556 | 1266 | 500 | 9844 |
| 山　西 | 5857 | 1465 | 397 | 331 | 3070 |
| 内蒙古 | 10504 | 1003 | 350 | 853 | — |
| 辽　宁 | 9226 | 6551 | 1136 | 1376 | 38 |
| 吉　林 | 668 | 468 | 36 | 40 | 103 |
| 黑龙江 | 1301 | 590 | 60 | 40 | 146 |
| 上　海 | 1723 | 163 | 661 | 336 | 27 |
| 江　苏 | 187075 | 170857 | 5351 | 1345 | 4726 |
| 浙　江 | 105753 | 94065 | 3994 | 1380 | 5719 |
| 安　徽 | 103563 | 54535 | 4339 | 1686 | 33077 |
| 福　建 | 94724 | 66542 | 10416 | 2948 | 6991 |
| 江　西 | 49269 | 45363 | 833 | 589 | 894 |
| 山　东 | 46860 | 27248 | 7679 | 2478 | 8019 |
| 河　南 | 89380 | 66766 | 2766 | 1628 | 4122 |
| 湖　北 | 41057 | 25081 | 5004 | 204 | 2942 |
| 湖　南 | 88044 | 50625 | 4632 | 1538 | 20471 |
| 广　东 | 94297 | 48675 | 27523 | 11939 | 647 |
| 广　西 | 86201 | 30606 | 5209 | 2449 | 31266 |
| 海　南 | 6752 | 2450 | 1911 | 2122 | 113 |
| 重　庆 | 17970 | 10680 | 920 | 2200 | 1710 |
| 四　川 | 90527 | 43354 | 10137 | 6890 | 26253 |
| 贵　州 | 72388 | 6313 | 778 | 303 | 64715 |
| 云　南 | 78138 | 24964 | 7361 | 18827 | 18763 |
| 西　藏 | 78 | 30 | 33 | 3 | — |
| 陕　西 | 30722 | 17433 | 1878 | 174 | 5647 |
| 甘　肃 | 11319 | 2585 | 400 | 552 | 5675 |
| 青　海 | 259 | 118 | 72 | 6 | 53 |
| 宁　夏 | 1178 | 546 | 199 | 120 | 273 |
| 新　疆 | 27381 | 1411 | 114 | 49 | 25749 |

# 业发展情况(一)

| | | 主要类别产量 | | | | 销售额(万元) | |
|---|---|---|---|---|---|---|---|
| 种子、种球、种苗花卉 | 其他 | 观赏苗木(万株) | 盆栽植物类(包括盆栽植物、盆景)(万盆) | 鲜切花(切花、切叶、切枝)(万支) | 食用与药用花卉(千克) | 合计 | 观赏苗木 |
| **40440** | **74146** | **1732814** | **3425407** | **3153878** | **732414238** | **21679479** | **9306299** |
| 48 | 39 | 337 | 9777 | 2941 | 68550 | 43411 | 4968 |
| 1 | — | 23 | 1185 | 1488 | 50500 | 11712 | 20 |
| 219 | 353 | 27263 | 8594 | 7724 | 30779429 | 419331 | 186675 |
| 44 | 551 | 3190 | 6516 | 3442 | 6106577 | 93093 | 20023 |
| 1646 | 6652 | 8213 | 2263 | 8823 | — | 58786 | 8009 |
| 112 | 13 | 23583 | 25436 | 60654 | 60084 | 351775 | 145863 |
| 21 | — | 122325 | 52888 | 59 | 252521 | 18889 | 13155 |
| 367 | 98 | 10476 | 218 | 1980 | 1858810 | 7073 | 2527 |
| 181 | 355 | 44 | 15899 | 5518 | 7966 | 97811 | 2383 |
| 342 | 4454 | 114518 | 71850 | 85002 | 11170364 | 2300022 | 1720032 |
| 151 | 445 | 320717 | 26281 | 32344 | 13183544 | 1551812 | 1130415 |
| 2803 | 7122 | 83304 | 43923 | 54534 | 34733004 | 965054 | 386286 |
| 718 | 7109 | 213007 | 155472 | 213880 | 3199272 | 2826413 | 1285313 |
| 697 | 893 | 30308 | 18707 | 17138 | 10802640 | 326169 | 277919 |
| 1021 | 415 | 13623 | 2144420 | 106041 | 27167807 | 1729804 | 171366 |
| 10538 | 3560 | 63765 | 11800 | 47349 | 3689510 | 981746 | 556327 |
| 6857 | 969 | 124148 | 45688 | 2005 | 3688426 | 425480 | 235161 |
| 3172 | 7607 | 67468 | 185864 | 7048 | 23729568 | 1430443 | 715877 |
| 2363 | 3150 | 204335 | 395860 | 805524 | 3726720 | 2049819 | 715322 |
| 918 | 15753 | 21659 | 18540 | 14366 | 24651366 | 1396579 | 482131 |
| 62 | 94 | 2078 | 7471 | 87402 | 87650 | 250324 | 30868 |
| 490 | 1970 | 20570 | 13780 | 15640 | 1754930 | 193550 | 105250 |
| 2287 | 1606 | 17760 | 22957 | 29204 | 19085381 | 1025551 | 529890 |
| 187 | 92 | 12805 | 2369 | 2575 | 60773753 | 199236 | 15222 |
| 970 | 7253 | 163401 | 84219 | 1519312 | 70850998 | 2241605 | 313780 |
| 2 | 10 | 65 | 32 | 500 | — | 581 | 190 |
| 2977 | 2613 | 41808 | 41775 | 1599 | 3068539 | 308655 | 134418 |
| 1207 | 900 | 13729 | 5653 | 13595 | 42906115 | 192670 | 91314 |
| 4 | 6 | 603 | 441 | 27 | 40000 | 5818 | 4978 |
| — | 40 | 3245 | 2007 | 4020 | 72000 | 31282 | 5176 |
| 35 | 23 | 4444 | 3521 | 2144 | 334848215 | 144985 | 15440 |

# 各地区花卉产

| 地　区 | 销售额(万元) | | | | |
|---|---|---|---|---|---|
| | 盆栽植物类(包括盆栽植物、盆景) | 鲜切花(切花、切叶、切枝) | 食用与药用花卉 | 种子、种球、种苗花卉 | 其他 |
| **全　国** | **6521977** | **2414392** | **1843466** | **664170** | **929175** |
| 北　京 | 29046 | 3269 | 187 | 5858 | 83 |
| 天　津 | 9852 | 1432 | 388 | 20 | — |
| 河　北 | 34759 | 8949 | 116490 | 3027 | 69431 |
| 山　西 | 32447 | 16994 | 19734 | 526 | 3369 |
| 内蒙古 | 6338 | 8656 | — | 4551 | 31232 |
| 辽　宁 | 84404 | 116491 | 573 | 4094 | 350 |
| 吉　林 | 3402 | 767 | 955 | 610 | — |
| 黑龙江 | 278 | 2300 | 1455 | 233 | 280 |
| 上　海 | 54910 | 11529 | 546 | 25487 | 2956 |
| 江　苏 | 321513 | 124462 | 41854 | 14155 | 78006 |
| 浙　江 | 205569 | 55480 | 142583 | 8403 | 9362 |
| 安　徽 | 225823 | 30272 | 296177 | 12772 | 13724 |
| 福　建 | 920093 | 169902 | 363981 | 55001 | 32123 |
| 江　西 | 12497 | 10398 | 4956 | 11371 | 9028 |
| 山　东 | 1355417 | 99564 | 64781 | 30440 | 8236 |
| 河　南 | 113159 | 101609 | 40317 | 128803 | 41531 |
| 湖　北 | 113938 | 12494 | 26603 | 32058 | 5226 |
| 湖　南 | 294612 | 46828 | 152462 | 54835 | 165829 |
| 广　东 | 1075912 | 142098 | 18202 | 71131 | 27154 |
| 广　西 | 265859 | 43603 | 170296 | 100660 | 334030 |
| 海　南 | 175972 | 38180 | 2640 | 2314 | 350 |
| 重　庆 | 47090 | 17970 | 4150 | 6540 | 12550 |
| 四　川 | 332736 | 67840 | 59040 | 13217 | 22828 |
| 贵　州 | 57341 | 3949 | 120151 | 1403 | 1170 |
| 云　南 | 511166 | 1239157 | 78722 | 50857 | 47923 |
| 西　藏 | 308 | 6 | — | 27 | 50 |
| 陕　西 | 157897 | 3719 | 6389 | 3685 | 2547 |
| 甘　肃 | 41201 | 25588 | 12617 | 19967 | 1983 |
| 青　海 | 721 | 62 | 40 | 17 | — |
| 宁　夏 | 17511 | 4114 | 1654 | 27 | 2800 |
| 新　疆 | 20206 | 6710 | 95524 | 2081 | 5024 |

# 业发展情况(二)

| 出口额(万美元) | 大型花卉市场(个) | 大型花卉企业(个) | 设施化栽培面积(万平方米) | 花卉从业人员期末人数(人) | | |
|---|---|---|---|---|---|---|
| | | | | 合计 | 其中:花农(户) | 其中:具有工程师(含)职称以上从业人员 |
| **103516** | **588** | **3860** | **133510** | **5344044** | **1796966** | **70372** |
| 84 | 20 | 74 | 345 | 6677 | 235 | 659 |
| — | — | 2 | 80 | 798 | 120 | 16 |
| — | 7 | 22 | 226 | 201812 | 57652 | 770 |
| — | 31 | 14 | 265 | 18714 | 5688 | 170 |
| — | 20 | 20 | 157 | 32891 | 16421 | 1022 |
| 471 | 15 | 180 | 2620 | 67992 | 28791 | 258 |
| — | 5 | 9 | 10071 | 6551 | 1568 | 842 |
| — | 1 | 1 | 40 | 1864 | 449 | 74 |
| 175 | — | — | 841 | — | — | — |
| 1376 | 32 | 500 | 6535 | 526028 | 361285 | 6987 |
| 6404 | 28 | 148 | 4815 | 682478 | 133894 | 6729 |
| 1205 | 15 | 199 | 890 | 168947 | 45797 | 3532 |
| 12800 | 9 | 553 | 10858 | 291477 | 41897 | 7006 |
| — | 53 | 306 | 9477 | 227785 | 55803 | 3010 |
| 1685 | 20 | 65 | 5422 | 344527 | 111813 | 2935 |
| 620 | 64 | 119 | 421 | 567410 | 113507 | 2145 |
| 10 | 29 | 55 | 20 | 126752 | 44835 | 735 |
| 95 | 33 | 177 | 11686 | 452110 | 161795 | 4927 |
| 11795 | 15 | 844 | 11187 | 270615 | 74201 | 13258 |
| 117 | 24 | 162 | 153 | 478684 | 102026 | 2041 |
| 1424 | 4 | 20 | 23961 | 55399 | 9449 | 446 |
| — | 7 | 7 | 1280 | 64190 | 41160 | 2060 |
| 378 | 91 | 226 | 935 | 311061 | 234134 | 3459 |
| 239 | 2 | 16 | 7351 | 50361 | 19136 | 483 |
| 63913 | 7 | 70 | 20301 | 293661 | 85200 | 5375 |
| — | 4 | 4 | 26 | 208 | 36 | 42 |
| — | 36 | 15 | 114 | 26265 | 8555 | 353 |
| 707 | 13 | 26 | 267 | 44028 | 21457 | 732 |
| — | — | — | — | 202 | 71 | 18 |
| — | — | 20 | 519 | 1543 | 585 | 75 |
| 18 | 3 | 6 | 2647 | 23014 | 19406 | 213 |

# 3

# 从业人员和劳动报酬

## EMPLOYMENT AND REMUNERATION

# 全国林草系统从业人员和劳动报酬主要指标
# 2023 年与 2022 年比较

| 主要指标 | 单　位 | 2022 年 | 2023 年 | 2023 年比 2022 年增减(%) |
|---|---|---|---|---|
| **一、单位个数** | 个 | **22958** | **21312** | **-7.17** |
| **二、年末人数** | 人 | **890089** | **852246** | **-4.25** |
| 1. 从业人员 | 人 | 792531 | 748957 | -5.50 |
| ①在岗职工 | 人 | 733936 | 691066 | -5.84 |
| ②其他从业人员 | 人 | 58595 | 57891 | -1.20 |
| 2. 离开本单位仍保留劳动关系人员 | 人 | 97558 | 103289 | 5.87 |
| **三、在岗职工年平均工资** | 元 | **81768** | **89811** | **9.84** |

# 全国林草系统从业人员和劳动报酬情况

单位：人

| 指　标 | 单位数（个） | 年末人数 | | | | | | | |
|---|---|---|---|---|---|---|---|---|---|
| | | 总计 | 单位从业人员 | | | | | | |
| | | | 合计 | 在岗职工 | | | | | |
| | | | | 小计 | 其中：女性 | 其中：专业技术人员 | | | |
| | | | | | | 计 | 其中 | | |
| | | | | | | | 中级技术职称人员 | 副高级技术职称人员 | 正高级技术职称人员 |
| **总 计** | **21312** | **852246** | **748957** | **691066** | **188903** | **213460** | **95784** | **45224** | **6800** |
| 一、企业 | 1786 | 377600 | 281672 | 263886 | 69759 | 57462 | 23542 | 9183 | 1030 |
| 二、事业 | 16784 | 428750 | 421462 | 383511 | 107645 | 150171 | 70260 | 35067 | 5687 |
| 三、机关 | 2742 | 45896 | 45823 | 43669 | 11499 | 5827 | 1982 | 974 | 83 |

（续表）

| 指　标 | 年末人数 | | | | | | 在岗职工年平均人数 | 在岗职工年工资总额（万元） | 在岗职工年平均工资（元） | 年末实有离退休人员数 |
|---|---|---|---|---|---|---|---|---|---|---|
| | 单位从业人员 | | | | | 离开本单位仍保留劳动关系人员 | | | | |
| | 在岗职工 | | | | 其他从业人员 | | | | | |
| | 按学历结构 | | | | | | | | | |
| | 高中及高中学历以下 | 中专及大专学历 | 大学本科学历 | 研究生学历 | | | | | | |
| **总 计** | **229262** | **241233** | **195626** | **24945** | **57891** | **103289** | **702221** | **6306693** | **89811** | **947161** |
| 一、企业 | 130700 | 92695 | 39002 | 1489 | 17786 | 95928 | 268391 | 1742711 | 64932 | 574155 |
| 二、事业 | 95843 | 137235 | 131293 | 19140 | 37951 | 7288 | 389289 | 3998261 | 102707 | 329340 |
| 三、机关 | 2719 | 11303 | 25331 | 4316 | 2154 | 73 | 44541 | 565721 | 127011 | 43666 |

# 各地区林草系统从业人员和劳动报酬情况

| 地 区 | 单位数（个） | 年末人数（人） | | | | | 在岗职工年平均工资（元） | 离退休人员（人） |
|---|---|---|---|---|---|---|---|---|
| | | 总计 | 从业人员 | | | 离开本单位仍保留劳动关系人员 | | |
| | | | 合计 | 在岗职工 | 其他从业人员 | | | |
| **全 国** | **21312** | **852246** | **748957** | **691066** | **57891** | **103289** | **89811** | **947161** |
| 北 京 | 179 | 13147 | 13141 | 12637 | 504 | 6 | 220568 | 12427 |
| 天 津 | 33 | 530 | 530 | 502 | 28 | — | 121071 | 334 |
| 河 北 | 655 | 14435 | 14317 | 13716 | 601 | 118 | 91056 | 9405 |
| 山 西 | 733 | 17830 | 17812 | 16574 | 1238 | 18 | 88775 | 10666 |
| 内蒙古 | 816 | 63632 | 62542 | 59924 | 2618 | 1090 | 91268 | 108513 |
| 辽 宁 | 392 | 14601 | 14598 | 13566 | 1032 | 3 | 73571 | 13287 |
| 吉 林 | 732 | 82477 | 65301 | 59876 | 5425 | 17176 | 71173 | 107997 |
| 黑龙江 | 1054 | 227533 | 152013 | 151390 | 623 | 75520 | 60083 | 297736 |
| 上 海 | 10 | 418 | 418 | 412 | 6 | — | 272165 | 344 |
| 江 苏 | 409 | 6233 | 6188 | 5379 | 809 | 45 | 80117 | 4383 |
| 浙 江 | 506 | 6401 | 6318 | 5793 | 525 | 83 | 201796 | 6870 |
| 安 徽 | 902 | 12654 | 12538 | 11960 | 578 | 116 | 104291 | 11654 |
| 福 建 | 1471 | 18238 | 17814 | 15576 | 2238 | 424 | 108415 | 22865 |
| 江 西 | 547 | 25842 | 23164 | 19835 | 3329 | 2678 | 83867 | 31482 |
| 山 东 | 554 | 15649 | 15642 | 14792 | 850 | 7 | 105140 | 10208 |
| 河 南 | 586 | 19254 | 19206 | 18859 | 347 | 48 | 68635 | 8800 |
| 湖 北 | 1491 | 18953 | 18076 | 17262 | 814 | 877 | 101434 | 14562 |
| 湖 南 | 1089 | 30168 | 27955 | 26789 | 1166 | 2213 | 83559 | 27047 |
| 广 东 | 937 | 19408 | 19287 | 17091 | 2196 | 121 | 142122 | 23309 |
| 广 西 | 1473 | 42974 | 42380 | 28260 | 14120 | 594 | 71321 | 29939 |
| 海 南 | 116 | 6632 | 6597 | 6586 | 11 | 35 | 69394 | 3577 |
| 重 庆 | 283 | 4807 | 4807 | 4522 | 285 | — | 147112 | 5008 |
| 四 川 | 1519 | 27165 | 26789 | 26603 | 186 | 376 | 111860 | 52437 |
| 贵 州 | 429 | 10874 | 10807 | 10140 | 667 | 67 | 104091 | 9356 |
| 云 南 | 1256 | 38335 | 38266 | 24470 | 13796 | 69 | 111301 | 20649 |
| 西 藏 | 62 | 1672 | 1636 | 1485 | 151 | 36 | 157098 | 120 |
| 陕 西 | 837 | 23048 | 23023 | 22263 | 760 | 25 | 86836 | 12952 |
| 甘 肃 | 889 | 27482 | 27481 | 27377 | 104 | 1 | 96864 | 16885 |
| 青 海 | 259 | 5144 | 5144 | 3620 | 1524 | — | 151851 | 1506 |
| 宁 夏 | 177 | 4922 | 4918 | 4230 | 688 | 4 | 107672 | 4617 |
| 新 疆 | 800 | 13426 | 13424 | 13079 | 345 | 2 | 127771 | 10767 |
| 直属单位 | 116 | 38362 | 36825 | 36498 | 327 | 1537 | 100912 | 57459 |
| 大兴安岭 | 46 | 30286 | 28757 | 28756 | 1 | 1529 | 68898 | 51441 |

# 国家林业和草原局机关及直属单位从业人员和劳动报酬情况(一)

单位:人

| 单位名称 | 单位数(个) | 年末人数 | | | |
|---|---|---|---|---|---|
| | | 总计 | 单位从业人数 | | |
| | | | 合计 | 在岗职工 | |
| | | | | 小计 | 其中:女性 |
| **总　计** | **116** | **38362** | **36825** | **36498** | **9226** |
| 国家林业和草原局本级 | 1 | 388 | 388 | 388 | 127 |
| 国家林业和草原局机关服务中心 | 1 | 106 | 106 | 106 | 42 |
| 国家林业和草原局信息中心 | 1 | 27 | 27 | 27 | 14 |
| 国家林业和草原局林业工作站管理总站 | 1 | 27 | 27 | 27 | 14 |
| 国家林业和草原局财会核算审计中心 | 1 | 50 | 50 | 47 | 24 |
| 国家林业和草原局宣传中心 | 1 | 26 | 26 | 26 | 10 |
| 国家林业和草原局生态建设工程管理中心 | 1 | 46 | 46 | 44 | 16 |
| 国家林业和草原局西北华北东北防护林建设局 | 1 | 74 | 74 | 74 | 21 |
| 国家林业和草原局科技发展中心(国家林业和草原局植物新品种保护办公室) | 1 | 24 | 24 | 23 | 12 |
| 国家林业和草原局发展研究中心(国家林业和草原局法律事务中心) | 1 | 64 | 64 | 64 | 42 |
| 国家林业和草原局国际合作交流中心 | 1 | 28 | 28 | 28 | 18 |
| 国家林业和草原局国家公园(自然保护地)发展中心 | 1 | 27 | 27 | 27 | 14 |
| 国家林业和草原局野生动物保护监测中心 | 1 | 18 | 18 | 18 | 12 |
| 国家林业和草原局森林草原火灾预防监测中心 | 1 | 14 | 14 | 14 | 3 |
| 中国林业科学研究院 | 19 | 3248 | 3248 | 3248 | 1084 |
| 国家林业和草原局林草调查规划院 | 1 | 300 | 295 | 295 | 131 |
| 国家林业和草原局产业发展规划院 | 1 | 416 | 416 | 335 | 188 |
| 国家林业和草原局管理干部学院 | 1 | 252 | 252 | 230 | 143 |
| 中国绿色时报社 | 1 | 74 | 74 | 72 | 46 |
| 中国林业出版社 | 1 | 107 | 107 | 107 | 75 |
| 国际竹藤中心 | 2 | 154 | 151 | 139 | 67 |
| 国家林业和草原局亚太森林网络管理中心 | 1 | 13 | 13 | 13 | 7 |
| 中国林学会 | 1 | 38 | 38 | 31 | 18 |
| 中国野生动物保护协会 | 1 | 30 | 30 | 30 | 16 |
| 中国绿化基金会 | 1 | 31 | 31 | 31 | 17 |
| 国家林业和草原局驻内蒙古自治区森林资源监督专员办事处 | 1 | 25 | 25 | 25 | 8 |
| 国家林业和草原局驻长春森林资源监督专员办事处 | 1 | 19 | 19 | 19 | 4 |
| 国家林业和草原局驻黑龙江省森林资源监督专员办事处 | 1 | 28 | 28 | 28 | 9 |
| 国家林业和草原局驻大兴安岭林业集团公司森林资源监督专员办事处 | 1 | 15 | 15 | 15 | 3 |
| 国家林业和草原局驻成都森林资源监督专员办事处 | 1 | 27 | 27 | 23 | 5 |
| 国家林业和草原局驻云南省森林资源监督专员办事处 | 1 | 12 | 12 | 12 | 4 |
| 国家林业和草原局驻福州森林资源监督专员办事处 | 1 | 15 | 15 | 15 | 5 |
| 国家林业和草原局驻西安森林资源监督专员办事处 | 1 | 23 | 23 | 21 | 7 |
| 国家林业和草原局驻武汉森林资源监督专员办事处 | 1 | 18 | 18 | 18 | 3 |
| 国家林业和草原局驻贵阳森林资源监督专员办事处 | 1 | 15 | 15 | 13 | 4 |
| 国家林业和草原局驻广州森林资源监督专员办事处 | 1 | 26 | 26 | 24 | 6 |
| 国家林业和草原局驻合肥森林资源监督专员办事处 | 1 | 13 | 13 | 13 | 4 |
| 国家林业和草原局驻乌鲁木齐森林资源监督专员办事处 | 1 | 17 | 17 | 14 | 5 |
| 国家林业和草原局驻上海森林资源监督专员办事处 | 1 | 17 | 17 | 15 | 6 |
| 国家林业和草原局驻北京森林资源监督专员办事处 | 1 | 19 | 19 | 19 | 7 |
| 国家林业和草原局生物灾害防控中心 | 1 | 105 | 105 | 105 | 37 |
| 国家林业和草原局华东调查规划院 | 1 | 203 | 203 | 194 | 58 |
| 国家林业和草原局中南调查规划院 | 1 | 238 | 238 | 238 | 61 |
| 国家林业和草原局西北调查规划院 | 1 | 262 | 262 | 239 | 83 |
| 国家林业和草原局西南调查规划院 | 1 | 385 | 385 | 319 | 91 |
| 中国大熊猫保护研究中心 | 1 | 250 | 250 | 248 | 96 |
| 大兴安岭林业集团公司 | 46 | 30286 | 28757 | 28756 | 6328 |
| 国家林业和草原局重点国有林区森林资源监测中心 | 1 | 292 | 292 | 289 | 74 |
| 国家林业和草原局幼儿园 | 1 | 74 | 74 | 74 | 66 |
| 四川卧龙国家级自然保护区管理局 | 1 | 145 | 145 | 91 | 42 |
| 陕西佛坪国家级自然保护区管理局 | 1 | 77 | 77 | 53 | 15 |
| 甘肃白水江国家级自然保护区管理局 | 1 | 174 | 174 | 174 | 34 |

# 国家林业和草原局机关及直属单

| 单位名称 | 单位 在岗职工 其中：专业技术人员 计 | 其中 中级技术职称人员 | 副高级技术职称人员 | 正高级技术职称人员 | 高中及高中学历以下 |
|---|---|---|---|---|---|
| **总　计** | **14473** | **2952** | **1893** | **711** | **18360** |
| 国家林业和草原局本级 | — | — | — | — | 2 |
| 国家林业和草原局机关服务中心 | 3 | 1 | 2 | — | 3 |
| 国家林业和草原局信息中心 | 4 | — | 1 | 2 | — |
| 国家林业和草原局林业工作站管理总站 | — | — | — | — | — |
| 国家林业和草原局财会核算审计中心 | 32 | 13 | 16 | 3 | — |
| 国家林业和草原局宣传中心 | 2 | — | 2 | — | 1 |
| 国家林业和草原局生态建设工程管理中心 | 44 | — | — | — | — |
| 国家林业和草原局西北华北东北防护林建设局 | — | — | — | — | — |
| 国家林业和草原局科技发展中心(国家林业和草原局植物新品种保护办公室) | — | — | — | — | — |
| 国家林业和草原局发展研究中心(国家林业和草原局法律事务中心) | 21 | 8 | 5 | 8 | — |
| 国家林业和草原局国际合作交流中心 | — | — | — | — | — |
| 国家林业和草原局国家公园(自然保护地)发展中心 | 6 | 4 | 2 | — | — |
| 国家林业和草原局野生动物保护监测中心 | 13 | 3 | 6 | 4 | — |
| 国家林业和草原局森林草原火灾预防监测中心 | 14 | 2 | 3 | 1 | — |
| 中国林业科学研究院 | 2267 | 796 | 782 | 344 | 652 |
| 国家林业和草原局林草调查规划院 | 239 | 90 | 93 | 56 | 5 |
| 国家林业和草原局产业发展规划院 | 297 | 152 | 117 | 28 | — |
| 国家林业和草原局管理干部学院 | 105 | 65 | 29 | 11 | 86 |
| 中国绿色时报社 | 42 | 16 | 23 | 3 | 1 |
| 中国林业出版社 | 65 | 32 | 20 | 13 | — |
| 国际竹藤中心 | 104 | 31 | 26 | 26 | — |
| 国家林业和草原局亚太森林网络管理中心 | — | — | — | — | — |
| 中国林学会 | 29 | 5 | 10 | 3 | — |
| 中国野生动物保护协会 | 2 | — | — | 2 | — |
| 中国绿化基金会 | 8 | 4 | — | 4 | — |
| 国家林业和草原局驻内蒙古自治区森林资源监督专员办事处 | — | — | — | — | — |
| 国家林业和草原局驻长春森林资源监督专员办事处 | — | — | — | — | — |
| 国家林业和草原局驻黑龙江省森林资源监督专员办事处 | — | — | — | — | — |
| 国家林业和草原局驻大兴安岭林业集团公司森林资源监督专员办事处 | 11 | 10 | 1 | — | — |
| 国家林业和草原局驻成都森林资源监督专员办事处 | — | — | — | — | — |
| 国家林业和草原局驻云南省森林资源监督专员办事处 | 9 | 6 | 2 | — | — |
| 国家林业和草原局驻福州森林资源监督专员办事处 | 15 | — | — | — | — |
| 国家林业和草原局驻西安森林资源监督专员办事处 | — | — | — | — | — |
| 国家林业和草原局驻武汉森林资源监督专员办事处 | 2 | 2 | — | — | — |
| 国家林业和草原局驻贵阳森林资源监督专员办事处 | 5 | 2 | 2 | 1 | — |
| 国家林业和草原局驻广州森林资源监督专员办事处 | — | — | — | — | — |
| 国家林业和草原局驻合肥森林资源监督专员办事处 | 1 | — | — | 1 | — |
| 国家林业和草原局驻乌鲁木齐森林资源监督专员办事处 | 3 | 3 | — | — | — |
| 国家林业和草原局驻上海森林资源监督专员办事处 | — | — | — | — | — |
| 国家林业和草原局驻北京森林资源监督专员办事处 | — | — | — | — | — |
| 国家林业和草原局生物灾害防控中心 | 69 | 26 | 8 | 19 | 1 |
| 国家林业和草原局华东调查规划院 | 156 | 73 | 54 | 17 | 1 |
| 国家林业和草原局中南调查规划院 | 141 | 67 | 53 | 21 | 29 |
| 国家林业和草原局西北调查规划院 | 102 | 47 | 45 | 10 | 5 |
| 国家林业和草原局西南调查规划院 | 244 | 111 | 78 | 12 | 2 |
| 中国大熊猫保护研究中心 | 85 | 60 | 15 | 10 | 16 |
| 大兴安岭林业集团公司 | 10007 | 1240 | 370 | 45 | 17469 |
| 国家林业和草原局重点国有林区森林资源监测中心 | 205 | 12 | 86 | 59 | 24 |
| 国家林业和草原局幼儿园 | 14 | 13 | 1 | — | 14 |
| 四川卧龙国家级自然保护区管理局 | 52 | 26 | 22 | 4 | 10 |
| 陕西佛坪国家级自然保护区管理局 | 27 | 11 | 14 | 2 | — |
| 甘肃白水江国家级自然保护区管理局 | 28 | 21 | 5 | 2 | 39 |

# 位从业人员和劳动报酬情况(二)

单位:人

| 年末人数 | | | | | 在岗职工年平均人数 | 在岗职工年工资总额(万元) | 在岗职工年平均工资(元) | 年末实有离退休人员 |
|---|---|---|---|---|---|---|---|---|
| 从业人员 | | | | 离开本单位仍保留劳动关系人员 | | | | |
| 按学历结构 | | | 其他从业人员 | | | | | |
| 中专及大专学历 | 大学本科学历 | 研究生学历 | | | | | | |
| **8971** | **5535** | **3632** | **327** | **1537** | **36322** | **366533** | **100912** | **57459** |
| 4 | 186 | 196 | — | — | 387 | 6550 | 169251 | 585 |
| 16 | 69 | 18 | — | — | 110 | 1896 | 172364 | 110 |
| 1 | 9 | 17 | — | — | 25 | 375 | 150000 | 8 |
| 1 | 11 | 15 | — | — | 27 | 442 | 163704 | 19 |
| 1 | 20 | 26 | 3 | — | 46 | 695 | 151087 | 14 |
| 1 | 12 | 12 | — | — | 25 | 406 | 162400 | 10 |
| — | 26 | 18 | 2 | — | 46 | 857 | 186304 | 20 |
| 17 | 35 | 22 | — | — | 74 | 1179 | 159324 | 76 |
| — | 7 | 16 | 1 | — | 24 | 428 | 178333 | 13 |
| 1 | 7 | 56 | — | — | 65 | 996 | 153231 | 41 |
| — | 7 | 21 | — | — | 27 | 400 | 148148 | 9 |
| — | 11 | 16 | — | — | 27 | 448 | 165926 | 1 |
| 1 | 5 | 12 | — | — | 18 | 255 | 141667 | 1 |
| — | 7 | 7 | — | — | 14 | 349 | 249286 | 2 |
| 325 | 653 | 1618 | — | — | 3122 | 61338 | 196470 | 3177 |
| 13 | 118 | 159 | — | 5 | 292 | 11600 | 397261 | 200 |
| 5 | 151 | 179 | 81 | — | 335 | 11222 | 334985 | 243 |
| 3 | 70 | 71 | 22 | — | 202 | 2955 | 146287 | 115 |
| 4 | 53 | 14 | 2 | — | 76 | 2117 | 278553 | 33 |
| 10 | 37 | 60 | — | — | 111 | 2621 | 236126 | 84 |
| — | 22 | 117 | 12 | 3 | 149 | 3379 | 226779 | 17 |
| — | 3 | 10 | — | — | 12 | 244 | 203333 | 3 |
| 1 | 10 | 20 | 7 | — | 38 | 806 | 212105 | 30 |
| 2 | 12 | 16 | — | — | 30 | 504 | 168000 | 19 |
| — | 17 | 14 | — | — | 31 | 552 | 178065 | 5 |
| 1 | 16 | 8 | — | — | 26 | 478 | 183846 | 19 |
| 7 | 6 | 6 | — | — | 18 | 264 | 146667 | 3 |
| — | 15 | 13 | — | — | 29 | 278 | 95862 | 22 |
| — | 15 | — | — | — | 15 | 354 | 236000 | 10 |
| 1 | 11 | 11 | 4 | — | 27 | 453 | 167778 | 5 |
| — | 6 | 6 | — | — | 12 | 249 | 207500 | 8 |
| — | 11 | 4 | — | — | 15 | 272 | 181333 | 6 |
| — | 11 | 10 | 2 | — | 22 | 388 | 176364 | 7 |
| 2 | 7 | 9 | — | — | 18 | 329 | 182778 | 3 |
| — | 9 | 4 | 2 | — | 15 | 171 | 114000 | 3 |
| — | 10 | 14 | 2 | — | 25 | 649 | 259600 | 4 |
| — | 8 | 5 | — | — | 13 | 258 | 198462 | 5 |
| — | 10 | 4 | 3 | — | 14 | 169 | 120714 | 1 |
| — | 9 | 6 | 2 | — | 15 | 368 | 245333 | 5 |
| 1 | 8 | 10 | — | — | 20 | 473 | 236500 | 5 |
| 1 | 43 | 60 | — | — | 102 | 1564 | 153333 | 85 |
| — | 88 | 105 | 9 | — | 195 | 8041 | 412359 | 117 |
| 18 | 75 | 116 | — | — | 238 | 7783 | 327017 | 120 |
| 10 | 115 | 109 | 23 | — | 241 | 10427 | 432656 | 116 |
| 5 | 88 | 224 | 66 | — | 317 | 7982 | 251798 | 155 |
| 53 | 149 | 30 | 2 | — | 249 | 5106 | 205060 | 7 |
| 8310 | 2868 | 109 | 1 | 1529 | 28612 | 197130 | 68898 | 51441 |
| 48 | 185 | 32 | 3 | — | 289 | 5606 | 193979 | 199 |
| 15 | 45 | — | — | — | 77 | 707 | 91818 | 15 |
| 24 | 54 | 3 | 54 | — | 149 | 1748 | 117315 | 151 |
| 16 | 35 | 2 | 24 | — | 82 | 953 | 116220 | 54 |
| 53 | 80 | 2 | — | — | 174 | 1719 | 98793 | 58 |

# 全国生态护林员情况

| 指标名称 | 生态护林员人数（人） | 管护经费（亿元） |
| --- | --- | --- |
| **总　计** | **1742359** | **262.25** |
| **一、脱贫人口生态护林员** | **1045341** | **84.96** |
| 1. 中央资金选聘 | 827876 | 64.53 |
| 2. 地方资金选聘 | 217465 | 20.42 |
| **二、非脱贫人口生态护林员** | **697018** | **177.29** |
| 1. 天然林资源保护 | 265676 | 95.49 |
| 2. 公益林 | 333390 | 61.04 |
| 3. 其他 | 97952 | 20.75 |

# 各地区生态护林员情况(一)

| 地　区 | 人员选聘情况(人) | | | | | | | |
|---|---|---|---|---|---|---|---|---|
| | 总计 | 脱贫人口生态护林员 | | | 非脱贫人口生态护林员 | | | |
| | | 合计 | 中央资金选聘 | 地方资金选聘 | 合计 | 天然林资源保护 | 公益林 | 其他 |
| **全　国** | **1742359** | **1045341** | **827876** | **217465** | **697018** | **265676** | **333390** | **97952** |
| 北　京 | 3879 | — | — | — | 3879 | 117 | 3589 | 173 |
| 天　津 | 27 | — | — | — | 27 | — | 27 | — |
| 河　北 | 69123 | 50557 | 48834 | 1723 | 18566 | 5264 | 12992 | 310 |
| 山　西 | 40955 | 19032 | 19032 | — | 21923 | 8119 | 13804 | — |
| 内蒙古 | 75680 | 17348 | 17348 | — | 58332 | 31525 | 24161 | 2646 |
| 辽　宁 | 18514 | 4 | — | 4 | 18510 | 1675 | 15646 | 1189 |
| 吉　林 | 22107 | 7744 | 7688 | 56 | 14363 | 9175 | 3757 | 1431 |
| 黑龙江 | 46085 | 11119 | 11119 | — | 34966 | 22542 | 9911 | 2513 |
| 上　海 | 485 | — | — | — | 485 | — | 485 | — |
| 江　苏 | 5941 | — | — | — | 5941 | — | 4441 | 1500 |
| 浙　江 | 16012 | — | — | — | 16012 | 161 | 13754 | 2097 |
| 安　徽 | 28900 | 24681 | 22127 | 2554 | 4219 | 60 | 701 | 3458 |
| 福　建 | 14404 | — | — | — | 14404 | 3439 | 7697 | 3268 |
| 江　西 | 37150 | 26990 | 23784 | 3206 | 10160 | 2112 | 3434 | 4614 |
| 山　东 | 25405 | — | — | — | 25405 | — | 22539 | 2866 |
| 河　南 | 52647 | 43326 | 43143 | 183 | 9321 | 3105 | 6181 | 35 |
| 湖　北 | 71096 | 67599 | 66877 | 722 | 3497 | 1017 | 866 | 1614 |
| 湖　南 | 55884 | 38051 | 35895 | 2156 | 17833 | 1766 | 6774 | 9293 |
| 广　东 | 33059 | — | — | — | 33059 | 349 | 15250 | 17460 |
| 广　西 | 68356 | 64448 | 62312 | 2136 | 3908 | — | 560 | 3348 |
| 海　南 | 8134 | 3999 | 3999 | — | 4135 | 1348 | 2787 | — |
| 重　庆 | 34768 | 24559 | 21872 | 2687 | 10209 | 3044 | 4300 | 2865 |
| 四　川 | 82396 | 49097 | 49097 | — | 33299 | 32217 | 404 | 678 |
| 贵　州 | 189526 | 182864 | 72265 | 110599 | 6662 | 5872 | 434 | 356 |
| 云　南 | 242774 | 183398 | 105666 | 77732 | 59376 | 23280 | 32620 | 3476 |
| 西　藏 | 213373 | 39137 | 39014 | 123 | 174236 | 67500 | 101886 | 4850 |
| 陕　西 | 59571 | 50184 | 49206 | 978 | 9387 | 7366 | 1667 | 354 |
| 甘　肃 | 78459 | 66339 | 53852 | 12487 | 12120 | 2865 | 5723 | 3532 |
| 青　海 | 62898 | 19004 | 19004 | — | 43894 | 13156 | 7064 | 23674 |
| 宁　夏 | 13341 | 11300 | 11300 | — | 2041 | — | 2041 | — |
| 新　疆 | 54601 | 44561 | 44442 | 119 | 10040 | 1793 | 7895 | 352 |
| 大兴安岭 | 16809 | — | — | — | 16809 | 16809 | — | — |

# 各地区生态护林员情况(二)

| 地　区 | 管护经费(亿元) | | | | | | | |
|---|---|---|---|---|---|---|---|---|
| | 总计 | 脱贫人口生态护林员 | | | 非脱贫人口生态护林员 | | | |
| | | 合计 | 中央资金 | 地方资金 | 合计 | 天然林资源保护 | 公益林 | 其他 |
| **全　国** | **262.25** | **84.96** | **64.53** | **20.42** | **177.29** | **95.49** | **61.04** | **20.75** |
| 北　京 | 0.42 | — | — | — | 0.42 | 0.10 | 0.26 | 0.06 |
| 天　津 | 0.02 | — | — | — | 0.02 | — | 0.02 | — |
| 河　北 | 5.16 | 3.05 | 2.99 | 0.06 | 2.10 | 0.63 | 1.31 | 0.17 |
| 山　西 | 4.44 | 1.35 | 1.35 | — | 3.10 | 1.09 | 2.01 | — |
| 内蒙古 | 30.57 | 1.73 | 1.73 | — | 28.84 | 21.30 | 6.82 | 0.71 |
| 辽　宁 | 2.18 | — | — | — | 2.18 | 0.23 | 1.89 | 0.06 |
| 吉　林 | 7.54 | 0.65 | 0.64 | 0.01 | 6.89 | 5.56 | 1.13 | 0.20 |
| 黑龙江 | 22.05 | 0.68 | 0.68 | — | 21.38 | 15.19 | 4.71 | 1.48 |
| 上　海 | 0.21 | — | — | — | 0.21 | — | 0.21 | — |
| 江　苏 | 1.63 | — | — | — | 1.63 | — | 1.25 | 0.37 |
| 浙　江 | 1.81 | — | — | — | 1.81 | 0.04 | 1.56 | 0.21 |
| 安　徽 | 2.12 | 1.88 | 1.76 | 0.11 | 0.25 | — | 0.07 | 0.17 |
| 福　建 | 11.35 | — | — | — | 11.35 | 0.88 | 9.69 | 0.78 |
| 江　西 | 4.45 | 2.79 | 2.38 | 0.41 | 1.66 | 0.40 | 0.54 | 0.72 |
| 山　东 | 2.95 | — | — | — | 2.95 | — | 2.46 | 0.50 |
| 河　南 | 4.54 | 3.00 | 2.98 | 0.03 | 1.54 | 0.45 | 1.09 | 0.01 |
| 湖　北 | 3.46 | 2.73 | 2.68 | 0.06 | 0.72 | 0.26 | 0.41 | 0.05 |
| 湖　南 | 5.55 | 3.78 | 3.59 | 0.19 | 1.77 | 0.14 | 0.51 | 1.12 |
| 广　东 | 5.75 | — | — | — | 5.75 | 0.08 | 3.33 | 2.35 |
| 广　西 | 6.88 | 5.68 | 5.52 | 0.16 | 1.21 | — | 0.17 | 1.04 |
| 海　南 | 2.13 | 0.39 | 0.39 | — | 1.73 | 0.65 | 1.08 | — |
| 重　庆 | 1.97 | 1.36 | 1.21 | 0.15 | 0.60 | 0.15 | 0.26 | 0.20 |
| 四　川 | 12.74 | 3.41 | 3.41 | — | 9.34 | 9.06 | 0.15 | 0.13 |
| 贵　州 | 19.67 | 18.29 | 7.23 | 11.06 | 1.38 | 1.28 | 0.07 | 0.03 |
| 云　南 | 31.79 | 16.86 | 9.76 | 7.10 | 14.93 | 5.50 | 4.79 | 4.64 |
| 西　藏 | 11.69 | 1.36 | 1.35 | — | 10.33 | 3.70 | 6.58 | 0.05 |
| 陕　西 | 6.17 | 3.17 | 3.12 | 0.05 | 2.99 | 2.52 | 0.37 | 0.11 |
| 甘　肃 | 6.67 | 5.28 | 4.28 | 1.00 | 1.39 | 0.36 | 0.88 | 0.14 |
| 青　海 | 11.29 | 1.90 | 1.90 | — | 9.39 | 2.66 | 1.44 | 5.28 |
| 宁　夏 | 1.80 | 1.13 | 1.13 | — | 0.67 | — | 0.67 | — |
| 新　疆 | 21.99 | 4.48 | 4.45 | 0.03 | 17.51 | 12.03 | 5.30 | 0.18 |
| 大兴安岭 | 11.25 | — | — | — | 11.25 | 11.25 | 0.70 | 0.06 |

# 全国林草科技机构、人员和资金投入情况

| 指　标 | 单　位 | 本年实际 |
| --- | --- | --- |
| **一、机构数** | **个** | **5319** |
| 1. 科研机构 | 个 | 659 |
| 2. 推广机构 | 个 | 3032 |
| 3. 质检机构 | 个 | 140 |
| 4. 其他 | 个 | 1488 |
| **二、科技人员** | **人** | **83846** |
| 1. 科技管理人员 | 人 | 8325 |
| 2. 科研人员 | 人 | 17449 |
| 3. 科技推广人员 | 人 | 42559 |
| 4. 其他 | 人 | 15513 |
| **三、资金投入** | **万元** | **924672** |
| 其中:中央资金 | 万元 | 264959 |
| 地方资金 | 万元 | 603032 |

# 各地区林草科技机构、

| 地区 | 机构数(个) | | | | | | |
|---|---|---|---|---|---|---|---|
| | 合计 | 科研机构 | 推广机构 | 质检机构 | 其他 | 合计 | 科技管理人员 |
| **全　国** | **5319** | **659** | **3032** | **140** | **1488** | **83846** | **8325** |
| 北　京 | 28 | 1 | 23 | — | 4 | 622 | 62 |
| 天　津 | 12 | — | 11 | — | 1 | 223 | 26 |
| 河　北 | 223 | 8 | 181 | 11 | 23 | 2291 | 171 |
| 山　西 | 263 | 6 | 108 | 1 | 148 | 2651 | 375 |
| 内蒙古 | 364 | 24 | 242 | 8 | 90 | 4790 | 339 |
| 辽　宁 | 54 | 11 | 37 | 3 | 3 | 1639 | 428 |
| 吉　林 | 83 | 15 | 46 | 6 | 16 | 1187 | 241 |
| 黑龙江 | 127 | 78 | 25 | 5 | 19 | 3266 | 387 |
| 上　海 | 127 | 7 | 117 | 2 | 1 | 1365 | 98 |
| 江　苏 | 109 | 3 | 83 | 3 | 20 | 1297 | 60 |
| 浙　江 | 85 | 13 | 51 | 5 | 16 | 1761 | 233 |
| 安　徽 | 116 | 10 | 93 | 1 | 12 | 1567 | 118 |
| 福　建 | 112 | 7 | 62 | 2 | 41 | 1219 | 60 |
| 江　西 | 97 | 16 | 76 | 2 | 3 | 2518 | 157 |
| 山　东 | 548 | 15 | 197 | 3 | 333 | 11595 | 575 |
| 河　南 | 195 | 32 | 145 | 1 | 17 | 3555 | 472 |
| 湖　北 | 192 | 48 | 64 | 6 | 74 | 2412 | 232 |
| 湖　南 | 329 | 69 | 185 | 15 | 60 | 4356 | 579 |
| 广　东 | 132 | 57 | 33 | 7 | 35 | 2497 | 324 |
| 广　西 | 280 | 36 | 96 | 1 | 147 | 4136 | 315 |
| 海　南 | 9 | 6 | 2 | 1 | — | 322 | 57 |
| 重　庆 | 56 | 13 | 31 | — | 12 | 882 | 136 |
| 四　川 | 328 | 27 | 248 | 5 | 48 | 4305 | 546 |
| 贵　州 | 99 | 14 | 63 | 4 | 18 | 1315 | 105 |
| 云　南 | 375 | 35 | 212 | 17 | 111 | 3651 | 315 |
| 西　藏 | 19 | 2 | 3 | — | 14 | 1085 | 43 |
| 陕　西 | 195 | 16 | 130 | 20 | 29 | 5081 | 443 |
| 甘　肃 | 111 | 20 | 75 | 3 | 13 | 2850 | 294 |
| 青　海 | 150 | 1 | 71 | — | 78 | 1191 | 88 |
| 宁　夏 | 52 | — | 34 | 1 | 17 | 1044 | 86 |
| 新　疆 | 351 | 17 | 273 | 3 | 58 | 3495 | 484 |
| 局直属单位 | 98 | 52 | 15 | 4 | 27 | 3678 | 476 |
| 大兴安岭 | 30 | 7 | 11 | 1 | 11 | 317 | 55 |

# 人员和资金投入情况

| 科技人员(人) | | | 资金投入(万元) | | |
|---|---|---|---|---|---|
| 科研人员 | 科技推广人员 | 其他 | 合计 | 其中:中央资金 | 其中:地方资金 |
| **17449** | **42559** | **15513** | **924672** | **264959** | **603032** |
| 99 | 183 | 278 | 18035 | 1359 | 16676 |
| — | 163 | 34 | 230 | 230 | — |
| 241 | 1446 | 433 | 3372 | 2121 | 1251 |
| 286 | 1528 | 462 | 23562 | 4042 | 19520 |
| 803 | 2335 | 1313 | 12656 | 2690 | 9966 |
| 325 | 591 | 295 | 21246 | 4125 | 17121 |
| 304 | 531 | 111 | 5761 | 2399 | 3362 |
| 2214 | 277 | 388 | 57316 | 22146 | 17527 |
| 411 | 713 | 143 | 68057 | 284 | 67772 |
| 99 | 897 | 241 | 8306 | 1892 | 6174 |
| 220 | 1023 | 285 | 28466 | 1119 | 27347 |
| 114 | 1248 | 87 | 19999 | 3297 | 16563 |
| 232 | 510 | 417 | 22687 | 5700 | 16987 |
| 734 | 1423 | 204 | 21594 | 8244 | 13212 |
| 454 | 8080 | 2486 | 23621 | 2539 | 21062 |
| 400 | 2057 | 626 | 13119 | 2318 | 10801 |
| 573 | 935 | 672 | 35810 | 12151 | 23184 |
| 902 | 2330 | 545 | 25436 | 5168 | 19946 |
| 651 | 908 | 614 | 49466 | 4724 | 44688 |
| 1570 | 1473 | 778 | 30835 | 11083 | 11717 |
| 155 | 22 | 88 | 3871 | 804 | 3032 |
| 265 | 385 | 96 | 10514 | 1574 | 8488 |
| 1246 | 2028 | 485 | 79239 | 2761 | 73912 |
| 461 | 481 | 268 | 14283 | 5412 | 8871 |
| 618 | 2171 | 547 | 32702 | 4361 | 28341 |
| 51 | 132 | 859 | 3051 | 2987 | 64 |
| 894 | 2970 | 774 | 18907 | 3444 | 15463 |
| 717 | 1317 | 522 | 28706 | 3762 | 24944 |
| 11 | 1000 | 92 | 2231 | 1898 | 333 |
| 8 | 786 | 164 | 3223 | 1609 | 1614 |
| 375 | 2125 | 511 | 41094 | 8673 | 31530 |
| 2016 | 491 | 695 | 197276 | 130045 | 41564 |
| 27 | 223 | 12 | 4675 | 3996 | 679 |

# 全国国有林场情况

| 主要指标 | 单　位 | 本年实际 |
| --- | --- | --- |
| **一、国有林场数量** | **个** | **4283** |
| **二、国有林场经营面积** | **公顷** | **78991044** |
| 其中：林地面积 | 公顷 | 57273450 |
| **三、国有林场在岗职工数量** | **人** | **252454** |

# 各地区国有林场情况

| 地　区 | 国有林场数量（个） | 国有林场经营面积(公顷) | | 国有林场在岗职工数量（人） |
|---|---|---|---|---|
| | | 合计 | 其中：林地面积 | |
| **全　国** | **4283** | **78991044** | **57273450** | **252454** |
| 北　京 | 30 | 60635 | 59182 | 1081 |
| 天　津 | 1 | 1376 | 1264 | 35 |
| 河　北 | 130 | 824689 | 713661 | 7145 |
| 山　西 | 226 | 2339549 | 2138653 | 8494 |
| 内蒙古 | 292 | 12487875 | 8843912 | 22759 |
| 辽　宁 | 178 | 785635 | 750534 | 8196 |
| 吉　林 | 89 | 3333734 | 2866793 | 19417 |
| 黑龙江 | 424 | 7473829 | 7335847 | 28597 |
| 上　海 | 1 | 267 | 215 | 33 |
| 江　苏 | 57 | 98627 | 89407 | 4120 |
| 浙　江 | 97 | 252897 | 237627 | 2818 |
| 安　徽 | 100 | 274797 | 272321 | 4488 |
| 福　建 | 130 | 1045662 | 1001451 | 7868 |
| 江　西 | 224 | 1640407 | 1600538 | 19782 |
| 山　东 | 149 | 138732 | 131571 | 6401 |
| 河　南 | 84 | 445300 | 435652 | 7981 |
| 湖　北 | 223 | 610054 | 591569 | 6142 |
| 湖　南 | 216 | 773622 | 717464 | 13691 |
| 广　东 | 201 | 779993 | 726667 | 5856 |
| 广　西 | 145 | 1696577 | 1666878 | 18217 |
| 海　南 | 23 | 97494 | 92183 | 830 |
| 重　庆 | 69 | 356323 | 354054 | 2939 |
| 四　川 | 157 | 2689957 | 2299506 | 5597 |
| 贵　州 | 105 | 358736 | 338276 | 4370 |
| 云　南 | 142 | 3654475 | 3290575 | 6264 |
| 西　藏 | 2 | 118 | 93 | 838 |
| 陕　西 | 208 | 3875018 | 3626962 | 11574 |
| 甘　肃 | 253 | 4623448 | 3031191 | 13607 |
| 青　海 | 114 | 9849198 | 3309853 | 1968 |
| 宁　夏 | 96 | 1140006 | 682728 | 2704 |
| 新　疆 | 104 | 17223193 | 10008633 | 8133 |
| 局直属单位 | 13 | 58821 | 58190 | 509 |

# 4

# 林草投资

# INVESTMENT IN FORESTRY AND GRASSLAND

# 全国林草投

| 指标名称 | 本年实际 | 中央资金 | |
|---|---|---|---|
| | | 中央预算内基本建设资金 | 中央财政资金 |
| **总 计** | **36420590** | **2776095** | **9710296** |
| 一、造林 | 7254336 | 1458182 | 1262778 |
| 二、森林经营 | 5455378 | 7640 | 1815436 |
| 三、草原保护修复 | 945107 | 315581 | 475773 |
| 四、湿地保护修复 | 388387 | 68413 | 147197 |
| 五、荒漠化治理 | 208905 | 163149 | 23328 |
| 六、林草有害生物防治 | 595486 | 17155 | 177225 |
| 七、林草防火 | 723390 | 174260 | 79112 |
| 八、自然保护地管理和监测 | 636855 | 72954 | 242951 |
| 九、生物多样性保护 | 324621 | 50289 | 124587 |
| 十、其他 | 19888125 | 448473 | 5361909 |
| 补充资料: | | | |
| 固定资产投资完成额 | 5799042 | 1308041 | 451807 |
| 重点区域生态保护和修复工程项目 | 1750614 | 1687479 | — |

# 资完成情况

单位：万元

| 地方资金 | 国内贷款 | 利用外资 | 自筹资金 | 其他社会资金 |
|---|---|---|---|---|
| **11593099** | **2378214** | **41760** | **5126406** | **4794720** |
| 1983025 | 815092 | 23372 | 1115402 | 596485 |
| 871109 | 847613 | 9479 | 1051951 | 852149 |
| 140035 | — | 497 | 6522 | 6699 |
| 154521 | 1000 | — | 8161 | 9096 |
| 18998 | — | — | 2772 | 658 |
| 350808 | 2683 | — | 32864 | 14751 |
| 428433 | 8191 | — | 21845 | 11551 |
| 219412 | — | — | 98752 | 2786 |
| 102159 | — | 530 | 33991 | 13064 |
| 7324598 | 703636 | 7883 | 2754145 | 3287482 |
| | | | | |
| 813473 | 460057 | 4038 | 1859958 | 901668 |
| 52821 | 2187 | — | 6987 | 1140 |

# 各地区林草

| 地区 | 总计 | 其中 | | | 造林 | 森林经营 |
|---|---|---|---|---|---|---|
| | | 国家投资 | 固定资产投资完成额 | 重点区域生态保护和修复工程项目 | | |
| **全国** | **36420590** | **24079490** | **5799042** | **1750614** | **7254336** | **5455378** |
| 北京 | 1332697 | 1315869 | 258160 | — | 195412 | 68160 |
| 天津 | 50879 | 46509 | 16495 | — | 16365 | 21849 |
| 河北 | 832558 | 740569 | 71799 | 62446 | 336715 | 123612 |
| 山西 | 1020400 | 998304 | 197872 | 188062 | 462355 | 46846 |
| 内蒙古 | 1833206 | 1797676 | 150191 | 138408 | 231164 | 518026 |
| 辽宁 | 316598 | 314042 | 30285 | 23019 | 69765 | 21436 |
| 吉林 | 852892 | 802154 | 109767 | 73573 | 130364 | 71208 |
| 黑龙江 | 1755268 | 1528543 | 65238 | 40562 | 72958 | 214388 |
| 上海 | 131393 | 131143 | 27 | — | 34484 | 66343 |
| 江苏 | 290511 | 166914 | 1297 | 317 | 126065 | 41473 |
| 浙江 | 777770 | 576397 | 6500 | — | 249791 | 50447 |
| 安徽 | 962825 | 379527 | 122241 | 7251 | 174831 | 239878 |
| 福建 | 713277 | 566698 | 44280 | 33229 | 233192 | 106487 |
| 江西 | 962205 | 740231 | 4268 | 19659 | 224698 | 192149 |
| 山东 | 559036 | 473554 | 13448 | 22426 | 47273 | 39795 |
| 河南 | 714590 | 531110 | 58963 | 41260 | 366694 | 68054 |
| 湖北 | 1168791 | 785083 | 63032 | 74289 | 299985 | 257394 |
| 湖南 | 1413495 | 907516 | 90830 | 52998 | 321201 | 314864 |
| 广东 | 1191887 | 1047761 | 26835 | 1714 | 235726 | 111557 |
| 广西 | 6748287 | 569850 | 2641517 | 44958 | 987100 | 1566766 |
| 海南 | 196818 | 178403 | 32023 | 7973 | 5071 | 2837 |
| 重庆 | 744977 | 606600 | 176735 | 59386 | 188936 | 76902 |
| 四川 | 2519459 | 1212612 | 236967 | 68895 | 335630 | 135592 |
| 贵州 | 2193298 | 1229997 | 344874 | 110144 | 460265 | 483350 |
| 云南 | 1574265 | 1418277 | 164657 | 58295 | 280174 | 273414 |
| 西藏 | 486469 | 486464 | 133672 | 90125 | 183379 | 88893 |
| 陕西 | 983604 | 901696 | 116594 | 138089 | 314632 | 79048 |
| 甘肃 | 1193028 | 1142941 | 188571 | 181763 | 269762 | 18688 |
| 青海 | 672188 | 661822 | 212333 | 102071 | 90844 | 15385 |
| 宁夏 | 320912 | 319401 | 57922 | 38029 | 144132 | 21088 |
| 新疆 | 907040 | 851315 | 93001 | 55712 | 122224 | 57197 |
| 局直属单位 | 999968 | 650513 | 68648 | 15962 | 43149 | 62253 |
| 大兴安岭 | 608545 | 346027 | 20562 | 1579 | 30240 | 14811 |

# 投资完成情况

单位:万元

| 自年初累计完成投资 | | | | | | | |
| --- | --- | --- | --- | --- | --- | --- | --- |
| 草原保护修复 | 湿地保护修复 | 荒漠化治理 | 林草有害生物防治 | 林草防火 | 自然保护地管理和监测 | 生物多样性保护 | 其他 |
| **945107** | **388387** | **208905** | **595486** | **723390** | **636855** | **324621** | **19888125** |
| — | 847 | 509 | 8823 | 23377 | 2133 | 1925 | 1031513 |
| — | 7417 | — | 2225 | 555 | — | 963 | 1506 |
| 30596 | 9392 | — | 12339 | 26376 | 8884 | 4366 | 280278 |
| 29405 | 1116 | 446 | 3584 | 51134 | 5969 | 2804 | 416742 |
| 90080 | 15718 | 33626 | 16336 | 29096 | 15125 | 5628 | 878406 |
| 14242 | 2970 | 2119 | 12205 | 12527 | 9394 | 3965 | 167975 |
| 9204 | 6891 | — | 3997 | 24990 | 3531 | 7551 | 595156 |
| 10630 | 12125 | 1030 | 4392 | 45734 | 10348 | 3537 | 1380126 |
| — | 8954 | 105 | 2850 | 208 | 294 | 1579 | 16576 |
| — | 12535 | — | 10024 | 10152 | 1408 | 5015 | 83838 |
| — | 19897 | — | 103673 | 18556 | 21672 | 14167 | 299569 |
| 531 | 17092 | — | 40147 | 23215 | 5525 | 13409 | 448197 |
| 450 | 5177 | 9 | 29439 | 7653 | 11635 | 20858 | 298377 |
| — | 16654 | — | 39886 | 13092 | 8986 | 8015 | 458725 |
| — | 24550 | 26 | 38008 | 45258 | 2355 | 9059 | 352710 |
| 1050 | 19332 | — | 6997 | 11174 | 9805 | 5825 | 225659 |
| 6444 | 30228 | 67 | 35039 | 19721 | 27712 | 28172 | 464029 |
| 72700 | 23939 | 4503 | 27784 | 31153 | 11613 | 21949 | 583788 |
| 6664 | 12768 | 220 | 37985 | 38991 | 70535 | 9382 | 668060 |
| 20962 | 14034 | — | 25117 | 15905 | 105809 | 32159 | 3980435 |
| — | 20811 | — | 3770 | 3341 | 41549 | 233 | 119205 |
| — | 9460 | 335 | 35191 | 37508 | 12715 | 8089 | 375842 |
| 61609 | 17968 | 22382 | 19529 | 70420 | 52829 | 11741 | 1791759 |
| 64556 | 4425 | 95812 | 7760 | 13337 | 12713 | 7447 | 1043634 |
| 71778 | 9348 | 2554 | 5483 | 56250 | 27404 | 65742 | 782117 |
| 113344 | 16451 | 11099 | 2552 | 12019 | 55207 | 2060 | 1464 |
| 21392 | 2792 | 141 | 16360 | 11475 | 13044 | 10035 | 514685 |
| 77953 | 16577 | 7485 | 6219 | 20443 | 31040 | 5269 | 739592 |
| 151746 | 8547 | 12287 | 8077 | 3276 | 9645 | 1937 | 370444 |
| 13994 | 8522 | 900 | 2405 | 4452 | 9559 | 1529 | 114331 |
| 72609 | 6588 | 8779 | 17075 | 18363 | 11515 | 4001 | 588688 |
| 3167 | 5262 | 4471 | 10214 | 23639 | 26902 | 6209 | 814701 |
| 3167 | 4078 | 4471 | 8124 | 6526 | 23739 | 6209 | 507179 |

# 国家林业和草原局机关及

| 单　位 | 总计 | 其中：固定资产投资完成额 | 造林 | 森林经营 |
|---|---|---|---|---|
| **总　计** | **999968** | **68648** | **43149** | **62253** |
| 国家林业和草原局本级 | 56018 | — | 1121 | 523 |
| 国家林业和草原局机关服务中心 | 8301 | — | 30 | — |
| 国家林业和草原局信息中心 | 2165 | 5 | — | — |
| 国家林业和草原局林业工作站管理总站 | 1280 | — | — | — |
| 国家林业和草原局财会核算审计中心 | 1568 | — | — | — |
| 国家林业和草原局宣传中心 | 3365 | — | — | — |
| 国家林业和草原局生态建设工程管理中心 | 2706 | — | — | — |
| 国家林业和草原局西北华北东北防护林建设局 | 2476 | — | — | — |
| 国家林业和草原局科技发展中心(国家林业和草原局植物新品种保护办公室) | 1503 | — | — | — |
| 国家林业和草原局发展研究中心(国家林业和草原局法律事务中心) | 3177 | — | — | — |
| 国家林业和草原局国际合作交流中心 | 1220 | — | — | — |
| 国家林业和草原局国家公园(自然保护地)发展中心 | 1738 | — | — | — |
| 国家林业和草原局野生动物保护监测中心 | 853 | — | — | — |
| 国家林业和草原局森林草原火灾预防监测中心 | 2670 | — | — | — |
| 中国林业科学研究院 | 195196 | 11294 | 1263 | 14288 |
| 国家林业和草原局林草调查规划院 | 47977 | 5272 | — | — |
| 国家林业和草原局产业发展规划院 | 29837 | 81 | — | — |
| 国家林业和草原局管理干部学院 | 11319 | 15 | — | — |
| 中国绿色时报社 | 4337 | — | — | — |
| 中国林业出版社 | 7598 | — | — | — |
| 国际竹藤中心 | 13846 | 1351 | — | — |
| 国家林业和草原局亚太森林网络管理中心 | 1579 | — | — | — |
| 中国林学会 | 3339 | — | — | — |
| 中国野生动物保护协会 | 162 | — | — | — |
| 中国绿化基金会 | 28490 | — | 27825 | — |
| 国家林业和草原局驻内蒙古自治区森林资源监督专员办事处 | 971 | — | — | — |
| 国家林业和草原局驻长春森林资源监督专员办事处 | 13815 | — | — | — |
| 国家林业和草原局驻黑龙江省森林资源监督专员办事处 | 1795 | — | — | — |
| 国家林业和草原局驻大兴安岭林业集团公司森林资源监督专员办事处 | 419 | — | — | — |
| 国家林业和草原局驻成都森林资源监督专员办事处 | — | — | — | — |
| 国家林业和草原局驻云南省森林资源监督专员办事处 | 461 | — | — | — |
| 国家林业和草原局驻福州森林资源监督专员办事处 | 538 | — | — | — |
| 国家林业和草原局驻西安森林资源监督专员办事处 | 918 | — | — | — |
| 国家林业和草原局驻武汉森林资源监督专员办事处 | 656 | — | — | — |
| 国家林业和草原局驻贵阳森林资源监督专员办事处 | 483 | — | — | — |
| 国家林业和草原局驻广州森林资源监督专员办事处 | 1227 | — | — | — |
| 国家林业和草原局驻合肥森林资源监督专员办事处 | 740 | — | — | — |
| 国家林业和草原局驻乌鲁木齐森林资源监督专员办事处 | 511 | — | — | — |
| 国家林业和草原局驻上海森林资源监督专员办事处 | 928 | — | — | — |
| 国家林业和草原局驻北京森林资源监督专员办事处 | 714 | — | — | — |
| 国家林业和草原局生物灾害防控中心 | 6575 | — | — | — |
| 国家林业和草原局华东调查规划院 | 17608 | — | — | — |
| 国家林业和草原局中南调查规划院 | 22538 | 561 | — | — |
| 国家林业和草原局西北调查规划院 | 42510 | 555 | — | — |
| 国家林业和草原局西南调查规划院 | 25600 | 1260 | — | — |
| 中国大熊猫保护研究中心 | 12130 | 140 | — | — |
| 大兴安岭林业集团公司 | 389862 | 48086 | 12909 | 47442 |
| 国家林业和草原局重点国有林区森林资源监测中心 | 12632 | — | — | — |
| 国家林业和草原局幼儿园 | 1562 | — | — | — |
| 四川卧龙国家级自然保护区管理局 | 2209 | 28 | — | — |
| 陕西佛坪国家级自然保护区管理局 | — | — | — | — |
| 甘肃白水江国家级自然保护区管理局 | 9850 | — | — | — |

# 直属单位林草投资完成情况

单位:万元

| 自年初累计完成投资 | | | | | | | |
|---|---|---|---|---|---|---|---|
| 草原保护修复 | 湿地保护修复 | 荒漠化治理 | 林草有害生物防治 | 林草防火 | 自然保护地管理和监测 | 生物多样性保护 | 其他 |
| **3167** | **5262** | **4471** | **10214** | **23639** | **26902** | **6209** | **814701** |
| 600 | 576 | 786 | 769 | 1970 | 1232 | 813 | 47628 |
| — | — | — | — | — | — | — | 8271 |
| — | — | — | — | — | — | — | 2165 |
| — | — | — | — | — | — | — | 1280 |
| — | — | — | — | — | — | — | 1568 |
| — | — | — | — | — | — | — | 3365 |
| — | — | — | — | — | — | — | 2706 |
| — | — | — | — | — | — | — | 2476 |
| — | — | — | — | — | — | — | 1503 |
| — | — | — | — | — | — | — | 3177 |
| — | — | — | — | — | — | — | 1220 |
| — | — | — | — | — | 1050 | — | 687 |
| — | — | — | — | — | — | 269 | 584 |
| — | — | — | — | 2336 | — | — | 335 |
| 1417 | 2501 | 2690 | 98 | 2190 | 218 | 559 | 169972 |
| — | — | — | — | — | — | — | 47977 |
| — | — | — | — | — | — | — | 29837 |
| — | — | — | — | — | — | — | 11319 |
| — | — | — | — | — | — | — | 4337 |
| — | — | — | — | — | — | — | 7598 |
| — | — | — | — | — | — | — | 13846 |
| — | — | — | — | — | — | — | 1579 |
| — | — | — | — | — | — | — | 3339 |
| — | — | — | — | — | — | — | 162 |
| — | — | — | — | — | — | — | 665 |
| — | — | — | — | — | — | — | 971 |
| — | — | — | — | — | 13165 | — | 650 |
| — | — | — | — | — | — | — | 1795 |
| — | — | — | — | — | — | — | 419 |
| — | — | — | — | — | — | — | — |
| — | — | — | — | — | — | — | 461 |
| — | — | — | — | — | — | — | 538 |
| — | — | — | — | — | — | — | 918 |
| — | — | — | — | — | — | — | 656 |
| — | — | — | — | — | — | — | 483 |
| — | — | — | — | — | — | — | 1227 |
| — | — | — | — | — | — | — | 740 |
| — | — | — | — | — | — | — | 511 |
| — | — | — | — | — | — | — | 928 |
| — | — | — | — | — | — | — | 714 |
| — | — | — | 6575 | — | — | — | — |
| — | — | — | — | — | — | — | 17608 |
| 1150 | 1002 | 996 | 674 | — | 857 | 788 | 17072 |
| — | — | — | — | — | — | — | 42510 |
| — | — | — | — | — | — | — | 25600 |
| — | — | — | — | — | — | 3578 | 8552 |
| — | 1184 | — | 2090 | 17113 | 3163 | — | 305961 |
| — | — | — | — | — | — | — | 12632 |
| — | — | — | — | — | — | — | 1562 |
| — | — | — | — | — | 95 | 116 | 1997 |
| — | — | — | — | — | — | — | — |
| — | — | — | 9 | 31 | 7121 | 87 | 2603 |

# 各地区自然保护地

| 指标名称 | 存 货 | 固定资产原价 | 公共基础设施本年折旧 | 保障性住房本年折旧 | 资产总计 |
|---|---|---|---|---|---|
| **全 国** | **297** | **250849** | **1894** | **—** | **517231** |
| 黑龙江 | — | 11204 | — | — | 15032 |
| 浙 江 | — | 110685 | 80 | — | 85878 |
| 安 徽 | — | 840 | — | — | 917 |
| 福 建 | — | 9796 | — | — | 20030 |
| 山 东 | 189 | 43512 | — | — | 185719 |
| 湖 北 | — | 1676 | — | — | 3245 |
| 广 东 | — | 70924 | 1814 | — | 139047 |
| 广 西 | — | 9 | — | — | 6 |
| 四 川 | 83 | 1951 | — | — | 48280 |
| 贵 州 | — | — | — | — | — |
| 云 南 | 25 | 244 | — | — | 1543 |
| 青 海 | — | 8 | — | — | 17534 |

# 行政单位财务情况(一)

单位:万元

| 负债合计 | 本年收入合计 | 本年支出 | | |
| --- | --- | --- | --- | --- |
| | | 合计 | 工资福利支出 | 商品和服务支出 |
| | | | | 小计 |
| **94996** | **495230** | **480620** | **34930** | **62506** |
| 633 | 2163 | 2163 | 178 | 1935 |
| 3728 | 337154 | 337493 | 15075 | 28573 |
| 9 | 926 | 926 | 284 | 593 |
| 704 | 17979 | 12949 | 1787 | 9792 |
| 4723 | 47070 | 36842 | 8455 | 5841 |
| 955 | 6946 | 6964 | 2586 | 3554 |
| 34741 | 29392 | 29752 | 2849 | 5208 |
| 4 | 191 | 191 | 163 | 28 |
| 48923 | 50959 | 50883 | 2565 | 4975 |
| — | — | — | — | — |
| 4 | 2446 | 2451 | 456 | 1975 |
| 572 | 4 | 6 | 532 | 32 |

# 各地区自然保护地

| 指标名称 | 商品和服务支出 | | | | | |
|---|---|---|---|---|---|---|
| | 其中 | | | | | |
| | 取暖费 | 差旅费 | 因公出国（境）费用 | 劳务费 | 工会经费 | 福利费 |
| **全　国** | **9** | **524** | **71** | **4182** | **364** | **565** |
| 黑龙江 | 1 | 2 | — | 110 | 2 | 3 |
| 浙　江 | — | 79 | 34 | 646 | 173 | 459 |
| 安　徽 | — | 9 | — | 22 | 2 | — |
| 福　建 | — | 46 | — | 83 | 14 | 26 |
| 山　东 | 5 | 147 | 20 | 1797 | 113 | 3 |
| 湖　北 | — | 43 | — | 225 | 17 | 52 |
| 广　东 | — | 38 | — | 836 | 5 | — |
| 广　西 | — | 7 | — | — | 1 | — |
| 四　川 | 2 | 127 | — | 379 | 27 | 22 |
| 贵　州 | — | — | — | — | — | — |
| 云　南 | — | 15 | 17 | 83 | 5 | — |
| 青　海 | 1 | 11 | — | 1 | 5 | — |

# 行政单位财务情况(二)

单位:万元

| 本年支出 | | | | | | |
| --- | --- | --- | --- | --- | --- | --- |
| 对个人和家庭的补助 | | | | | | |
| 小计 | 其中 | | | | | |
| | 抚恤金 | 生活补助 | 救济费 | 助学金 | 奖励金 | 生产补贴 |
| **1979** | **249** | **163** | **—** | **—** | **6** | **—** |
| 50 | 26 | — | — | — | — | — |
| 306 | 38 | 23 | — | — | — | — |
| 49 | 24 | — | — | — | — | — |
| 209 | 78 | 5 | — | — | — | — |
| 564 | 9 | 90 | — | — | — | — |
| 109 | 16 | 3 | — | — | 5 | — |
| 598 | 38 | 26 | — | — | — | — |
| — | — | — | — | — | — | — |
| 23 | — | 13 | — | — | 1 | — |
| — | — | — | — | — | — | — |
| 20 | 20 | — | — | — | — | — |
| 51 | — | 3 | — | — | — | — |

# 各地区自然保护地

| 指标名称 | 存 货 | 固定资产原价 | 公共基础设施本年折旧 | 保障性住房本年折旧 | 资产总计 |
|---|---|---|---|---|---|
| **全 国** | **5938** | **1979476** | **15578** | **—** | **3095022** |
| 北 京 | 564 | 63798 | 20 | — | 65479 |
| 天 津 | — | 1522 | — | — | 3978 |
| 河 北 | 18 | 33163 | — | — | 30787 |
| 山 西 | 1305 | 20440 | — | — | 40748 |
| 内蒙古 | 8 | 106515 | 261 | — | 214673 |
| 辽 宁 | 362 | 41500 | — | — | 48794 |
| 吉 林 | 27 | 66961 | 62 | — | 77448 |
| 黑龙江 | 74 | 80975 | — | — | 81244 |
| 上 海 | — | 101545 | — | — | 80609 |
| 江 苏 | — | 24443 | — | — | 38243 |
| 浙 江 | 1238 | 51828 | — | — | 111538 |
| 安 徽 | — | 12307 | — | — | 12958 |
| 福 建 | 4 | 20932 | 13 | — | 33643 |
| 江 西 | 204 | 42245 | 278 | — | 121619 |
| 山 东 | — | 39111 | 2454 | — | 34814 |
| 河 南 | 245 | 36926 | 120 | — | 55724 |
| 湖 北 | 311 | 59052 | 1102 | — | 118581 |
| 湖 南 | 7 | 43043 | 283 | — | 70703 |
| 广 东 | 220 | 176985 | 4761 | — | 430811 |
| 广 西 | 594 | 96869 | 2312 | — | 151444 |
| 海 南 | — | 43490 | — | — | 85567 |
| 重 庆 | — | 14470 | — | — | 20386 |
| 四 川 | 460 | 217377 | — | — | 418119 |
| 贵 州 | — | 28822 | — | — | 42931 |
| 云 南 | 30 | 58035 | 1176 | — | 85031 |
| 西 藏 | — | 1900 | — | — | 1909 |
| 陕 西 | — | 30618 | — | — | 38079 |
| 甘 肃 | 11 | 156524 | — | — | 200025 |
| 青 海 | — | 25762 | — | — | 50661 |
| 宁 夏 | 62 | 43600 | — | — | 43898 |
| 新 疆 | 186 | 215958 | 2736 | — | 269641 |
| 大兴安岭 | 8 | 22760 | — | — | 14937 |

# 事业单位财务情况(一)

单位:万元

| 负债合计 | 本年收入 | | | 本年支出 | | |
|---|---|---|---|---|---|---|
| | 合计 | 其中 | | 合计 | 工资福利支出 | 商品和服务支出 |
| | | 事业收入 | 经营收入 | | | 小计 |
| **461862** | **1384905** | **180489** | **1354** | **1261534** | **442297** | **520982** |
| 6772 | 56269 | 9288 | — | 57352 | 33885 | 16892 |
| 2943 | 2874 | — | — | 2915 | 1853 | 1037 |
| 3639 | 14896 | — | — | 13053 | 7124 | 3426 |
| 2949 | 14916 | 1972 | 369 | 13455 | 3273 | 6720 |
| 25509 | 87035 | 21228 | — | 88871 | 28483 | 25675 |
| 5836 | 20730 | 11827 | — | 20470 | 11491 | 6602 |
| 6167 | 27246 | 3634 | — | 23110 | 8860 | 8857 |
| 6289 | 36576 | 6352 | 27 | 42600 | 8628 | 30960 |
| 3864 | 9706 | — | — | 7234 | 915 | 5783 |
| 2295 | 23048 | 67 | — | 13659 | 1546 | 11921 |
| 25135 | 68374 | 7083 | — | 68676 | 16807 | 33839 |
| 250 | 6033 | 971 | 270 | 5763 | 1894 | 2532 |
| 2739 | 22839 | 5175 | — | 21206 | 7021 | 6879 |
| 64194 | 50587 | 11883 | 81 | 58348 | 17702 | 16664 |
| 3188 | 6213 | — | — | 6292 | 1501 | 3784 |
| 12600 | 29724 | — | — | 31076 | 15005 | 9448 |
| 21732 | 49720 | 13504 | — | 53470 | 14828 | 25229 |
| 8841 | 42698 | — | — | 38869 | 15129 | 13398 |
| 33455 | 129032 | 18583 | — | 126994 | 41038 | 46961 |
| 21299 | 56422 | 14463 | 478 | 52213 | 21551 | 21111 |
| 1270 | 42673 | — | — | 41631 | 22993 | 11558 |
| 932 | 14588 | — | — | 12232 | 3544 | 7807 |
| 103973 | 123720 | — | — | 70216 | 29727 | 24608 |
| 3475 | 39472 | 10937 | — | 35166 | 6358 | 23632 |
| 4990 | 61029 | 12139 | — | 59031 | 29753 | 26736 |
| 18 | 38246 | 613 | — | 3631 | 1116 | 2456 |
| 1449 | 24388 | 6493 | — | 21735 | 9250 | 7345 |
| 10991 | 123511 | — | 129 | 119121 | 39359 | 65502 |
| 30228 | 17253 | 13757 | — | 9480 | 2363 | 5165 |
| 1589 | 42807 | 10520 | — | 41635 | 18367 | 20962 |
| 40747 | 94239 | — | — | 94249 | 15105 | 25553 |
| 2504 | 8041 | — | — | 7781 | 5828 | 1940 |

# 各地区自然保护地

| 指标名称 | 商品和服务支出 | | | | | |
|---|---|---|---|---|---|---|
| | 其中 | | | | | |
| | 取暖费 | 差旅费 | 因公出国（境）费用 | 劳务费 | 工会经费 | 福利费 |
| **全　国** | **4008** | **8060** | **98** | **81458** | **4402** | **3360** |
| 北　京 | 274 | 31 | — | 2403 | 339 | 263 |
| 天　津 | 13 | 5 | — | 26 | 13 | 38 |
| 河　北 | 80 | 80 | — | 391 | 74 | 38 |
| 山　西 | 70 | 82 | — | 2769 | 44 | 60 |
| 内蒙古 | 819 | 418 | — | 4500 | 164 | 245 |
| 辽　宁 | 213 | 102 | — | 2055 | 104 | 9 |
| 吉　林 | 297 | 274 | — | 853 | 75 | 59 |
| 黑龙江 | 391 | 168 | 3 | 5779 | 52 | 104 |
| 上　海 | — | 5 | — | 24 | 13 | 20 |
| 江　苏 | — | 103 | — | 756 | 20 | 4 |
| 浙　江 | — | 215 | 17 | 2156 | 172 | 621 |
| 安　徽 | — | 39 | — | 233 | 14 | 11 |
| 福　建 | — | 65 | — | 756 | 120 | 29 |
| 江　西 | 18 | 263 | — | 1555 | 217 | 156 |
| 山　东 | 2 | 21 | — | 78 | 19 | — |
| 河　南 | 38 | 159 | — | 2719 | 184 | 125 |
| 湖　北 | 16 | 521 | 17 | 2616 | 227 | 123 |
| 湖　南 | 2 | 496 | — | 997 | 316 | 93 |
| 广　东 | — | 261 | 37 | 1413 | 490 | 469 |
| 广　西 | — | 609 | 13 | 1763 | 150 | 74 |
| 海　南 | — | 395 | 7 | 2890 | 286 | 1 |
| 重　庆 | — | 219 | — | 1040 | 103 | 38 |
| 四　川 | 5 | 462 | 2 | 1040 | 167 | 154 |
| 贵　州 | — | 318 | — | 13380 | 39 | 57 |
| 云　南 | 183 | 1074 | — | 5092 | 307 | 208 |
| 西　藏 | — | 8 | 2 | — | 14 | — |
| 陕　西 | 45 | 221 | — | 2092 | 109 | 69 |
| 甘　肃 | 929 | 968 | — | 14375 | 261 | 194 |
| 青　海 | 2 | 6 | — | 564 | 5 | — |
| 宁　夏 | 175 | 71 | — | 4372 | 113 | 4 |
| 新　疆 | 110 | 267 | — | 2713 | 100 | 52 |
| 大兴安岭 | 326 | 134 | — | 58 | 91 | 42 |

说明：本表统计范围为具有法人资格且财务独立核算的国家公园、国家级自然保护区、国家（级）自然公园中执行事业财务

# 事业单位财务情况(二)

单位:万元

| 本年支出 | | | | | | | | 应交增值税 |
|---|---|---|---|---|---|---|---|---|
| 对个人和家庭的补助 | | | | | | | 经营支出 | |
| 小计 | 其中 | | | | | | | |
| | 抚恤金 | 生活补助 | 救济费 | 助学金 | 奖励金 | 生产补贴 | | |
| **34306** | **2604** | **6527** | **1187** | **—** | **593** | **2533** | **38434** | **2265** |
| 1306 | 115 | 33 | — | — | 2 | — | — | 29 |
| 25 | 9 | 1 | — | — | — | — | — | — |
| 1125 | 32 | 223 | — | — | 128 | — | — | — |
| 167 | 11 | 36 | — | — | 4 | — | 208 | 2 |
| 2396 | 272 | 88 | — | — | — | 146 | 12694 | — |
| 1939 | 359 | 263 | 959 | — | 4 | — | — | — |
| 143 | 37 | 53 | — | — | 2 | — | — | — |
| 1692 | 57 | 504 | — | — | 1 | 132 | 5 | — |
| 31 | 15 | — | — | — | — | — | — | — |
| 49 | — | — | — | — | — | — | — | — |
| 1285 | 53 | 170 | — | — | 18 | 285 | 899 | 4 |
| 118 | 6 | 10 | — | — | — | — | — | 1 |
| 1166 | 40 | 71 | — | — | — | 4 | — | 9 |
| 287 | 73 | 24 | 3 | — | 6 | — | 716 | — |
| 68 | — | 2 | — | — | 4 | — | — | — |
| 1518 | 111 | 774 | 4 | — | 1 | — | — | 9 |
| 1883 | 22 | 85 | 1 | — | 51 | 750 | — | — |
| 1312 | 86 | 394 | 220 | — | 66 | 350 | — | -10 |
| 8328 | 221 | 3 | — | — | 21 | — | 23752 | 349 |
| 1774 | 234 | 175 | — | — | — | 6 | 39 | 51 |
| 63 | — | 42 | — | — | 2 | 6 | — | 1 |
| 179 | 22 | 143 | — | — | — | — | — | — |
| 1338 | 105 | 860 | — | — | 131 | — | — | 1820 |
| 511 | 51 | 72 | — | — | — | — | — | — |
| 1304 | 157 | 375 | — | — | — | 651 | — | — |
| 59 | — | 6 | — | — | — | — | — | — |
| 135 | 12 | 22 | — | — | — | — | — | — |
| 1007 | 186 | 302 | — | — | 126 | — | 121 | — |
| 11 | — | — | — | — | — | — | — | — |
| 778 | 203 | 49 | — | — | 10 | — | — | — |
| 2308 | 115 | 1746 | — | — | 16 | 203 | — | — |
| 1 | — | 1 | — | — | — | — | — | — |

制度的单位。

# 各地区自然保护

| 指标名称 | 存　货 | 固定资产原价 | 累计折旧 | | 资产总计 | 负债合计 | 营业收入 | 营业成本 | 税金及附加 | 销售费用 |
|---|---|---|---|---|---|---|---|---|---|---|
| | | | 合计 | 其中：本年折旧 | | | | | | |
| **全　国** | **211496** | **178341** | **69037** | **6783** | **1031031** | **779715** | **82652** | **45044** | **487** | **10925** |
| 北　京 | 3 | 392 | 261 | 46 | 1026 | 3335 | 558 | 169 | 15 | 23 |
| 内蒙古 | 156 | 26599 | 7985 | 856 | 22645 | 3385 | 198 | 168 | 4 | 3 |
| 浙　江 | 4492 | 88281 | 39968 | 3786 | 550919 | 489911 | 30537 | 13608 | 347 | 7577 |
| 江　西 | — | 12321 | — | — | 26840 | 50126 | 18 | 9 | 1 | 5 |
| 广　东 | 338 | 5917 | 4898 | 210 | 7351 | 5176 | 10556 | 2578 | 35 | 2719 |
| 广　西 | 206507 | 44831 | 15925 | 1885 | 422250 | 227782 | 40785 | 28512 | 85 | 598 |

说明：本表统计范围为具有法人资格且财务独立核算的国家公园、国家级自然保护区、国家（级）自然公园中执行企业财务

## 地企业财务情况

单位：万元

| 管理费用 | | 财务费用 | | 资产减值损失 | 公允价值变动收益 | 投资收益 | 其他收益 | 营业利润 | 营业外收入 | | 应付职工薪酬 | 本年应交增值税 |
|---|---|---|---|---|---|---|---|---|---|---|---|---|
| 合计 | 其中：差旅费 | 合计 | 其中：利息净支出 | | | | | | 合计 | 其中：政府补助 | | |
| **31830** | **507** | **747** | **666** | **5** | **—** | **62** | **3766** | **-2344** | **2327** | **1051** | **26915** | **1312** |
| 621 | 1 | 1 | — | — | — | — | — | -267 | 167 | 153 | 63 | 16 |
| 1063 | 51 | 2 | — | — | — | — | 871 | -188 | 44 | 39 | 649 | 1 |
| 14195 | 24 | 355 | 286 | — | — | 9 | 2677 | -2868 | 2058 | 855 | 14582 | 772 |
| 4 | — | 3 | 3 | — | — | — | — | 3 | — | — | — | — |
| 4663 | 138 | 215 | 141 | 5 | — | — | 3 | 343 | 38 | 2 | 3601 | 319 |
| 11284 | 293 | 171 | 236 | — | — | 53 | 215 | 633 | 20 | 2 | 8020 | 204 |

制度的单位。

# 附录一

# 东北、内蒙古重点国有林区

ANNEX Ⅰ

# 东北、内蒙古重点国有林区 87 个森工企业森林抚育情况(一)

单位：公顷

| 单位名称 | 森林抚育面积 |
|---|---|
| **合　计** | **658103** |
| **内蒙古森工集团** | **193391** |
| 阿尔山 | 6000 |
| 绰尔 | 12000 |
| 绰源 | 7334 |
| 乌尔旗汉 | 12668 |
| 库都尔 | 12677 |
| 图里河 | 11336 |
| 伊图里河 | 8670 |
| 克一河 | 11336 |
| 甘河 | 11354 |
| 吉文 | 11333 |
| 阿里河 | 13340 |
| 根河 | 17334 |
| 金河 | 9333 |
| 阿龙山 | 7334 |
| 满归 | 9333 |
| 得耳布尔 | 8004 |
| 莫尔道嘎 | 12670 |
| 大杨树 | 7334 |
| 毕拉河 | 4001 |
| **吉林森工集团** | **11771** |
| 临江 | 1709 |

# 东北、内蒙古重点国有林区87个森工企业森林抚育情况(二)

单位:公顷

| 单位名称 | 森林抚育面积 |
| --- | --- |
| 三岔子 | 1808 |
| 湾沟 | 1600 |
| 松江河 | 1633 |
| 泉阳 | 907 |
| 露水河 | 1625 |
| 白石山 | 1436 |
| 红石 | 1053 |
| **长白山森工集团** | **10223** |
| 黄泥河 | 350 |
| 敦化 | 195 |
| 大石头 | 1597 |
| 八家子 | 6086 |
| 和龙 | 825 |
| 汪清 | — |
| 大兴沟 | — |
| 天桥岭 | — |
| 白河 | 1170 |
| 珲春 | — |
| **龙江森工集团** | **186051** |
| 大海林 | 10761 |
| 柴河 | 10514 |
| 东京城 | 11575 |
| 穆棱 | 8507 |

# 东北、内蒙古重点国有林区 87 个森工企业森林抚育情况(三)

单位:公顷

| 单位名称 | 森林抚育面积 |
| --- | --- |
| 绥阳 | 11587 |
| 海林 | 6287 |
| 林口 | 7702 |
| 八面通 | 5687 |
| 桦南 | 5060 |
| 双鸭山 | 5980 |
| 鹤立 | 3694 |
| 鹤北 | 11573 |
| 东方红 | 9861 |
| 迎春 | 4667 |
| 清河 | 4787 |
| 山河屯 | 7307 |
| 苇河 | 8381 |
| 亚布力 | 9874 |
| 方正 | 6067 |
| 兴隆 | 9533 |
| 绥棱 | 6127 |
| 通北 | 7280 |
| 沾河 | 13240 |
| **伊春森工集团** | **122000** |
| 双丰 | 5354 |
| 铁力 | 9267 |
| 桃山 | 6420 |
| 朗乡 | 10547 |

# 东北、内蒙古重点国有林区87个森工企业森林抚育情况(四)

单位:公顷

| 单位名称 | 森林抚育面积 |
|---|---|
| 南岔 | 8120 |
| 金山屯 | 8146 |
| 美溪 | 7753 |
| 乌马河 | 3814 |
| 翠峦 | 5020 |
| 友好 | 8313 |
| 上甘岭 | 6207 |
| 五营 | 4507 |
| 红星 | 8986 |
| 新青 | 10420 |
| 汤旺河 | 5653 |
| 乌伊岭 | 8673 |
| 带岭 | 4800 |
| **大兴安岭林业集团** | **134667** |
| 松岭 | 12000 |
| 新林 | 18000 |
| 塔河 | 12000 |
| 呼中 | 12267 |
| 阿木尔 | 12267 |
| 西林吉 | 13333 |
| 十八站 | 12000 |
| 图强 | 12000 |
| 韩家园 | 18000 |
| 加格达奇 | 12800 |

# 东北、内蒙古重点国有林区森工企业产业发展情况

| 指标名称 | 计量单位 | 本年实际 |
| --- | --- | --- |
| **一、林草产业产值(按现行价格计算)** | **万元** | **3923502** |
| 1. 第一产业 | 万元 | 1217020 |
| 2. 第二产业 | 万元 | 317250 |
| 3. 第三产业 | 万元 | 2389232 |
| **二、木材产量** | **立方米** | **838754** |
| **三、经济林产品产量** | **吨** | **59727** |
| 其中：松子 | 吨 | 10114 |
| 食用菌 | 吨 | 9196 |
| 山野菜 | 吨 | 6963 |

说明：东北、内蒙古重点国有林区 87 个森工企业包括：①内蒙古森工集团：阿尔山、绰尔、绰源、乌尔旗汉、库都尔、图里河、伊图里河、克一河、甘河、吉文、阿里河、根河、金河、阿龙山、满归、得耳布尔、莫尔道嘎、大杨树、毕拉河。②吉林森工集团：临江、三岔子、湾沟、松江河、泉阳、露水河、白石山、红石。③长白山森工集团：黄泥河、敦化、大石头、八家子、和龙、汪清、大兴沟、天桥岭、白河、珲春。④龙江森工集团：大海林、柴河、东京城、穆棱、绥阳、海林、林口、八面通、桦南、双鸭山、鹤立、鹤北、东方红、迎春、清河、山河屯、苇河、亚布力、方正、兴隆、绥棱、通北、沾河。⑤伊春森工集团：双丰、铁力、桃山、朗乡、南岔、金山屯、美溪、乌马河、翠峦、友好、上甘岭、五营、红星、新青、汤旺河、乌伊岭、带岭。⑥大兴安岭林业集团：松岭、新林、塔河、呼中、阿木尔、西林吉、十八站、图强、韩家园、加格达奇。

# 东北、内蒙古重点国有林区87个森工企业产业发展情况(一)

| 单位名称 | 林草产业产值(万元) | | | | 木材产量(立方米) | 经济林产品产量(吨) | | | |
|---|---|---|---|---|---|---|---|---|---|
| | 合计 | 第一产业 | 第二产业 | 第三产业 | | 合计 | 其中 | | |
| | | | | | | | 松子 | 食用菌 | 山野菜 |
| **总　计** | **3923502** | **1217020** | **317250** | **2389232** | **838754** | **59727** | **10114** | **9196** | **6963** |
| **内蒙古森工集团** | **666152** | **295856** | **71353** | **298943** | **153264** | **6208** | **—** | **541** | **—** |
| 阿尔山 | 32323 | 11683 | 4089 | 16551 | 11532 | 36 | — | — | — |
| 绰尔 | 41022 | 20298 | 6262 | 14462 | 7948 | 1423 | — | 2 | — |
| 绰源 | 27980 | 16972 | 2523 | 8485 | — | 716 | — | 7 | — |
| 乌尔旗汉 | 43179 | 19033 | 4148 | 19998 | 25676 | 1135 | — | 8 | — |
| 库都尔 | 38135 | 18460 | 1783 | 17892 | 24671 | 946 | — | 10 | — |
| 图里河 | 30436 | 11813 | 6219 | 12404 | 2351 | 659 | — | 4 | — |
| 伊图里河 | 27123 | 11629 | 4147 | 11347 | 1166 | 6 | — | 6 | — |
| 克一河 | 36239 | 14134 | 5308 | 16797 | 1479 | 232 | — | 130 | — |
| 甘河 | 40871 | 17546 | 3667 | 19658 | 3043 | 44 | — | 44 | — |
| 吉文 | 28152 | 12631 | 3831 | 11690 | 8026 | 38 | — | 35 | — |
| 阿里河 | 44093 | 18228 | 5369 | 20496 | 11679 | 456 | — | 199 | — |
| 根河 | 55283 | 25958 | 3169 | 26156 | 3093 | 398 | — | 20 | — |
| 金河 | 34222 | 16259 | 2809 | 15154 | 270 | 2 | — | 2 | — |
| 阿龙山 | 37472 | 15061 | 8087 | 14324 | — | 2 | — | 2 | — |
| 满归 | 27868 | 13770 | 824 | 13274 | 14945 | 53 | — | 53 | — |
| 得耳布尔 | 29257 | 12815 | 2512 | 13930 | 826 | 2 | — | 2 | — |
| 莫尔道嘎 | 42496 | 17450 | 674 | 24372 | 16039 | 46 | — | 5 | — |
| 大杨树 | 28943 | 14026 | 3194 | 11723 | 67 | 6 | — | 4 | — |
| 毕拉河 | 21058 | 8090 | 2738 | 10230 | 20453 | 8 | — | 8 | — |
| **吉林森工集团** | **745094** | **260506** | **76842** | **407746** | **256148** | **15267** | **2494** | **1319** | **1979** |
| 临江 | 79712 | 34890 | 6277 | 38545 | 47297 | 3705 | 727 | 10 | 167 |
| 三岔子 | 102844 | 38564 | 21925 | 42355 | 35953 | 1041 | 60 | 18 | 189 |
| 湾沟 | 45822 | 16297 | 8200 | 21325 | 14260 | 994 | 85 | 13 | 90 |
| 松江河 | 119710 | 19968 | 1209 | 98533 | 48625 | 1596 | 258 | 27 | 570 |
| 泉阳 | 46959 | 10925 | 17510 | 18524 | 22393 | 533 | 28 | 7 | 408 |
| 露水河 | 130862 | 14401 | 1973 | 114488 | 42983 | 1549 | — | 196 | 103 |
| 白石山 | 84452 | 21342 | 19141 | 43969 | 32765 | 2055 | 550 | 1000 | 400 |
| 红石 | 134733 | 104119 | 607 | 30007 | 11872 | 3794 | 786 | 48 | 52 |
| **长白山森工集团** | **843008** | **219069** | **61721** | **562218** | **48516** | **24274** | **4566** | **5814** | **4214** |
| 黄泥河 | 94610 | 22936 | 16997 | 54677 | 7551 | 7622 | 326 | 775 | 431 |

# 东北、内蒙古重点国有林区 87 个森工企业产业发展情况(二)

| 单位名称 | 林草产业产值(万元) | | | | 木材产量(立方米) | 经济林产品产量(吨) | | | |
|---|---|---|---|---|---|---|---|---|---|
| | | | | | | 合计 | 其中 | | |
| | 合计 | 第一产业 | 第二产业 | 第三产业 | | | 松子 | 食用菌 | 山野菜 |
| 敦化 | 92086 | 23705 | 4084 | 64297 | 470 | 1738 | 416 | 295 | 513 |
| 大石头 | 94346 | 29480 | 4023 | 60843 | 6905 | 2369 | 678 | 869 | 376 |
| 八家子 | 86275 | 16120 | 14925 | 55230 | 22618 | 1547 | 537 | 30 | 583 |
| 和龙 | 75453 | 16008 | 5500 | 53945 | 4427 | 1518 | 549 | 266 | 439 |
| 汪清 | 90152 | 23537 | 1800 | 64815 | 2389 | 2222 | 550 | 662 | 714 |
| 大兴沟 | 58174 | 19387 | 6166 | 32621 | 237 | 1393 | 420 | 606 | 132 |
| 天桥岭 | 72016 | 21552 | 193 | 50271 | 1356 | 2483 | 90 | 2001 | 343 |
| 白河 | 117672 | 30445 | 5648 | 81579 | 1750 | 2282 | 613 | 256 | 425 |
| 珲春 | 62224 | 15899 | 2385 | 43940 | 813 | 1100 | 387 | 54 | 258 |
| **龙江森工集团** | **920100** | **174111** | **64043** | **681946** | **303097** | **5332** | **290** | **930** | **431** |
| 大海林 | 48417 | 1864 | 245 | 46308 | 44264 | — | — | — | — |
| 柴河 | 39426 | 3275 | 304 | 35847 | 10221 | — | — | — | — |
| 东京城 | 39188 | 9149 | — | 30039 | 56472 | — | — | — | — |
| 穆棱 | 38658 | 11621 | 1949 | 25088 | 5315 | — | — | — | — |
| 绥阳 | 34898 | 7003 | 1541 | 26354 | 50915 | 255 | — | 250 | 4 |
| 海林 | 28963 | 11657 | — | 17306 | 6499 | 515 | 90 | 110 | 300 |
| 林口 | 39346 | 3047 | 31 | 36268 | 18888 | — | — | — | — |
| 八面通 | 26068 | 5361 | — | 20707 | 2532 | 1100 | 200 | — | — |
| 桦南 | 66223 | 1610 | 2938 | 61675 | 19206 | — | — | — | — |
| 双鸭山 | 24456 | 2161 | 274 | 22021 | 3875 | 157 | — | 30 | — |
| 鹤立 | 20979 | 6028 | 3173 | 11778 | — | — | — | — | — |
| 鹤北 | 54917 | 7517 | 7036 | 40364 | 13675 | 60 | — | 15 | — |
| 东方红 | 37165 | 2610 | 844 | 33711 | 2744 | — | — | — | — |
| 迎春 | 24864 | 979 | 854 | 23031 | — | — | — | — | — |
| 清河 | 26428 | 1045 | 2909 | 22474 | — | 2 | — | 2 | — |
| 山河屯 | 42162 | 2452 | — | 39710 | 3426 | 10 | — | — | — |
| 苇河 | 42331 | 3409 | 9848 | 29074 | 7818 | 1185 | — | 478 | 127 |
| 亚布力 | 38072 | 6821 | 5094 | 26157 | 13283 | 46 | — | 45 | — |
| 方正 | 60144 | 4314 | 6379 | 49451 | 1065 | — | — | — | — |
| 兴隆 | 40687 | 1918 | 2424 | 36345 | 38454 | — | — | — | — |
| 绥棱 | 31922 | 11065 | 8041 | 12816 | — | 2002 | — | — | — |
| 通北 | 77646 | 59821 | 7925 | 9900 | 2856 | — | — | — | — |

# 东北、内蒙古重点国有林区87个森工企业产业发展情况(三)

| 单位名称 | 林草产业产值(万元) | | | | 木材产量(立方米) | 经济林产品产量(吨) | | | |
|---|---|---|---|---|---|---|---|---|---|
| | | | | | | 合计 | 其中 | | |
| | 合计 | 第一产业 | 第二产业 | 第三产业 | | | 松子 | 食用菌 | 山野菜 |
| 沾河 | 37140 | 9384 | 2234 | 25522 | 1589 | — | — | — | — |
| **伊春森工集团** | **457040** | **63672** | **25645** | **367723** | **77729** | **1925** | **—** | **12** | **20** |
| 双丰 | 31208 | 5345 | 2525 | 23338 | 19446 | 22 | — | — | — |
| 铁力 | 40662 | 2951 | 10315 | 27396 | — | — | — | — | — |
| 桃山 | 33708 | 2486 | 210 | 31012 | — | — | — | — | — |
| 朗乡 | 27715 | 4190 | 4801 | 18724 | 9950 | — | — | — | — |
| 南岔 | 31192 | 4014 | — | 27178 | 4000 | 80 | — | — | — |
| 金山屯 | 24020 | 3810 | 634 | 19576 | 22173 | — | — | — | — |
| 美溪 | 17844 | 4331 | 261 | 13252 | 10900 | 32 | — | 12 | 20 |
| 乌马河 | 24479 | 2887 | 248 | 21344 | 1098 | — | — | — | — |
| 翠峦 | 21810 | 2784 | 373 | 18653 | — | — | — | — | — |
| 友好 | 23398 | 4364 | 673 | 18361 | 3109 | 48 | — | — | — |
| 上甘岭 | 27904 | 7225 | 37 | 20642 | 4785 | 65 | — | — | — |
| 五营 | 22494 | 1580 | 274 | 20640 | — | 300 | — | — | — |
| 红星 | 26815 | 4645 | 2704 | 19466 | — | — | — | — | — |
| 新青 | 29212 | 3985 | 20 | 25207 | — | 302 | — | — | — |
| 汤旺河 | 25006 | 2617 | 382 | 22007 | 317 | 920 | — | — | — |
| 乌伊岭 | 26558 | 4403 | 47 | 22108 | — | 3 | — | — | — |
| 带岭 | 23015 | 2055 | 2141 | 18819 | 1951 | 153 | — | — | — |
| **大兴安岭林业集团** | **292108** | **203806** | **17646** | **70656** | **—** | **6721** | **2764** | **580** | **319** |
| 松岭 | 26831 | 19224 | 162 | 7445 | — | 269 | 2 | 18 | 133 |
| 新林 | 32046 | 22506 | 568 | 8972 | — | 1716 | 1619 | 76 | — |
| 塔河 | 30949 | 21320 | 402 | 9227 | — | 33 | 3 | — | — |
| 呼中 | 31585 | 23062 | 2020 | 6503 | — | 1284 | 600 | 164 | 20 |
| 阿木尔 | 26038 | 21223 | 430 | 4385 | — | 1389 | 500 | 74 | 10 |
| 西林吉 | 32685 | 20749 | 1787 | 10149 | — | 889 | 40 | 56 | 15 |
| 十八站 | 36032 | 18549 | 10308 | 7175 | — | 200 | — | 99 | 6 |
| 图强 | 22602 | 16110 | 620 | 5872 | — | 400 | — | 50 | — |
| 韩家园 | 25855 | 18752 | 1171 | 5932 | — | 134 | — | 32 | — |
| 加格达奇 | 27485 | 22311 | 178 | 4996 | — | 407 | — | 11 | 135 |

# 东北、内蒙古重点国有林区森工企业人员和投资完成情况

| 指标名称 | 计量单位 | 本年实际 |
| --- | --- | --- |
| **一、林草投资完成额** | **万元** | **2309818** |
| 其中：中央投资 | 万元 | 2087599 |
| **二、人员情况** | — | — |
| 1. 在岗职工数 | 人 | 184742 |
| 2. 在岗职工年平均工资 | 元 | 68696 |

# 东北、内蒙古重点国有林区 87 个森工企业人员和投资完成情况(一)

| 单位名称 | 林草投资完成额(万元) | | 人员情况 | |
| --- | --- | --- | --- | --- |
| | 合计 | 其中：中央投资 | 在岗职工数(人) | 在岗职工年平均工资(元) |
| **合　计** | **2309818** | **2087599** | **184742** | **68696** |
| **内蒙古森工集团** | **548643** | **502130** | **31422** | **88878** |
| 阿尔山 | 26781 | 25201 | 1787 | 89545 |
| 绰尔 | 28690 | 27251 | 1851 | 77605 |
| 绰源 | 20095 | 16954 | 1025 | 92791 |
| 乌尔旗汉 | 37047 | 33168 | 1711 | 100550 |
| 库都尔 | 33927 | 31246 | 2179 | 86203 |
| 图里河 | 23480 | 21843 | 1346 | 91704 |
| 伊图里河 | 22698 | 20361 | 1259 | 94503 |
| 克一河 | 27295 | 24870 | 1519 | 85765 |
| 甘河 | 31306 | 29216 | 2245 | 83058 |
| 吉文 | 25709 | 23913 | 1604 | 85215 |
| 阿里河 | 34323 | 31350 | 2250 | 87464 |
| 根河 | 46365 | 45558 | 2884 | 89224 |
| 金河 | 29857 | 28252 | 1667 | 87963 |
| 阿龙山 | 31102 | 24949 | 1612 | 90221 |
| 满归 | 25106 | 23319 | 1298 | 91517 |
| 得耳布尔 | 28189 | 25457 | 1443 | 89447 |
| 莫尔道嘎 | 37449 | 34976 | 2174 | 88036 |
| 大杨树 | 21312 | 17765 | 856 | 100459 |
| 毕拉河 | 17912 | 16481 | 712 | 90633 |

# 东北、内蒙古重点国有林区 87 个森工企业人员和投资完成情况(二)

| 单位名称 | 林草投资完成额(万元) | | 人员情况 | |
|---|---|---|---|---|
| | 合计 | 其中：中央投资 | 在岗职工数(人) | 在岗职工年平均工资(元) |
| **吉林森工集团** | **206065** | **203055** | **12475** | **68653** |
| 临江 | 23161 | 23161 | 1289 | 73178 |
| 三岔子 | 33512 | 32447 | 1352 | 71171 |
| 湾沟 | 19601 | 19601 | 1046 | 60133 |
| 松江河 | 27627 | 27582 | 2042 | 70965 |
| 泉阳 | 20904 | 20791 | 1261 | 73525 |
| 露水河 | 27903 | 26721 | 1728 | 68097 |
| 白石山 | 20779 | 20471 | 1478 | 71687 |
| 红石 | 32578 | 32281 | 2279 | 64721 |
| **长白山森工集团** | **255802** | **234967** | **15229** | **76779** |
| 黄泥河 | 23836 | 20569 | 1432 | 72018 |
| 敦化 | 33614 | 32477 | 1983 | 77257 |
| 大石头 | 28388 | 27680 | 1881 | 74355 |
| 八家子 | 28034 | 23830 | 1244 | 84047 |
| 和龙 | 26897 | 24679 | 1266 | 91305 |
| 汪清 | 29723 | 28866 | 1692 | 75582 |
| 大兴沟 | 4116 | 3591 | 1217 | 75211 |
| 天桥岭 | 22712 | 22155 | 1637 | 66221 |
| 白河 | 32253 | 26743 | 1824 | 78875 |
| 珲春 | 26229 | 24377 | 1053 | 77639 |
| **龙江森工集团** | **630428** | **518978** | **56780** | **56986** |
| 大海林 | 21603 | 21603 | 3203 | 47174 |
| 柴河 | 27023 | 24236 | 2591 | 56524 |
| 东京城 | 43011 | 37327 | 4311 | 52919 |
| 穆棱 | 25464 | 25385 | 2543 | 55759 |
| 绥阳 | 26432 | 25516 | 2301 | 58601 |
| 海林 | 17800 | 17800 | 1371 | 60896 |
| 林口 | 25417 | 22144 | 2029 | 64518 |
| 八面通 | 19565 | 17131 | 2142 | 66701 |
| 桦南 | 25371 | 24439 | 2629 | 46986 |
| 双鸭山 | 21775 | 14931 | 1392 | 58903 |
| 鹤立 | 29606 | 18120 | 1414 | 51743 |
| 鹤北 | 44752 | 28420 | 2237 | 63916 |
| 东方红 | 36927 | 23557 | 1941 | 70222 |
| 迎春 | 17761 | 14248 | 1736 | 55863 |
| 清河 | 26361 | 17333 | 1508 | 57567 |
| 山河屯 | 23170 | 21157 | 3169 | 53497 |

# 东北、内蒙古重点国有林区 87 个森工企业人员和投资完成情况(三)

| 单位名称 | 林草投资完成额(万元) | | 人员情况 | |
|---|---|---|---|---|
| | 合计 | 其中：中央投资 | 在岗职工数(人) | 在岗职工年平均工资(元) |
| 苇河 | 29165 | 24833 | 2781 | 54541 |
| 亚布力 | 25687 | 24162 | 2327 | 57808 |
| 方正 | 43562 | 21915 | 3017 | 64079 |
| 兴隆 | 27223 | 24048 | 3155 | 54778 |
| 绥棱 | 21144 | 21144 | 2230 | 52910 |
| 通北 | 21431 | 21427 | 2713 | 48858 |
| 沾河 | 30178 | 28102 | 4040 | 65578 |
| **伊春森工集团** | **346571** | **339905** | **43737** | **53046** |
| 双丰 | 18891 | 18148 | 3630 | 35458 |
| 铁力 | 21639 | 21639 | 1908 | 49075 |
| 桃山 | 19056 | 19056 | 2723 | 55909 |
| 朗乡 | 22696 | 22196 | 2326 | 45107 |
| 南岔 | 16551 | 16546 | 3440 | 48000 |
| 金山屯 | 16505 | 16505 | 957 | 52466 |
| 美溪 | 16622 | 16256 | 947 | 61119 |
| 乌马河 | 20058 | 19975 | 2568 | 68818 |
| 翠峦 | 19203 | 19203 | 2885 | 70721 |
| 友好 | 21156 | 20983 | 3175 | 52724 |
| 上甘岭 | 22632 | 22632 | 1655 | 51927 |
| 五营 | 19227 | 19225 | 2305 | 60651 |
| 红星 | 22198 | 19851 | 3091 | 55005 |
| 新青 | 27973 | 26810 | 4031 | 47776 |
| 汤旺河 | 22546 | 21272 | 2463 | 52363 |
| 乌伊岭 | 24386 | 24376 | 2397 | 47900 |
| 带岭 | 15232 | 15232 | 3236 | 46765 |
| **大兴安岭林业集团** | **322309** | **288564** | **25099** | **65420** |
| 松岭 | 31277 | 27281 | 2260 | 65439 |
| 新林 | 31939 | 29037 | 2768 | 59901 |
| 塔河 | 33849 | 30827 | 3261 | 71551 |
| 呼中 | 33315 | 31138 | 2101 | 75992 |
| 阿木尔 | 27442 | 24592 | 2157 | 69133 |
| 西林吉 | 32795 | 29047 | 3345 | 56495 |
| 十八站 | 31489 | 29138 | 2258 | 71191 |
| 图强 | 30991 | 27289 | 2619 | 60232 |
| 韩家园 | 27885 | 25156 | 1908 | 68607 |
| 加格达奇 | 41327 | 35059 | 2422 | 63917 |

# 附录二

# 林业工作站和乡村林场

ANNEX Ⅱ

# 各地区地、县级

| 地区 | 地(市) | | | | | | | | |
|---|---|---|---|---|---|---|---|---|---|
| | 林业工作站总数（个） | 管理人员数量(人) | | | | | | | |
| | | 文化程度 | | | | 专业技术人员 | | | |
| | | 合计 | 本科及以上学历 | 大专学历 | 中专及以下学历 | 合计 | 高级 | 中级 | 初级 |
| **全　国** | **148** | **2186** | **1688** | **361** | **137** | **1443** | **527** | **582** | **334** |
| 北　京 | — | — | — | — | — | — | — | — | — |
| 天　津 | — | — | — | — | — | — | — | — | — |
| 河　北 | 8 | 91 | 83 | 4 | 4 | 78 | 52 | 21 | 5 |
| 山　西 | — | 33 | 29 | 3 | 1 | 31 | 11 | 18 | 2 |
| 内蒙古 | 7 | 168 | 117 | 35 | 16 | 129 | 63 | 46 | 20 |
| 辽　宁 | 6 | 95 | 74 | 16 | 5 | 51 | 18 | 26 | 7 |
| 吉　林 | 9 | 63 | 47 | 12 | 4 | 8 | 1 | 4 | 3 |
| 黑龙江 | 5 | 45 | 37 | 5 | 3 | 11 | 3 | 5 | 3 |
| 上　海 | — | — | — | — | — | — | — | — | — |
| 江　苏 | 13 | 163 | 146 | 13 | 4 | 127 | 51 | 45 | 31 |
| 浙　江 | 6 | 28 | 26 | 2 | — | 20 | 9 | 11 | — |
| 安　徽 | 9 | 68 | 62 | 6 | — | 40 | 13 | 14 | 13 |
| 福　建 | — | 20 | 20 | — | — | 11 | 3 | 5 | 3 |
| 江　西 | 5 | 42 | 24 | 15 | 3 | 14 | 4 | 6 | 4 |
| 山　东 | 3 | 53 | 49 | 3 | 1 | 42 | 18 | 13 | 11 |
| 河　南 | 12 | 232 | 184 | 40 | 8 | 179 | 72 | 80 | 27 |
| 湖　北 | 2 | 51 | 34 | 15 | 2 | 22 | 4 | 11 | 7 |
| 湖　南 | 5 | 34 | 31 | 3 | — | 15 | 4 | 9 | 2 |
| 广　东 | 1 | 21 | 21 | — | — | 4 | 1 | 2 | 1 |
| 广　西 | 10 | 66 | 53 | 9 | 4 | 25 | 3 | 16 | 6 |
| 海　南 | — | — | — | — | — | — | — | — | — |
| 重　庆 | — | — | — | — | — | — | — | — | — |
| 四　川 | 3 | 51 | 46 | 4 | 1 | 24 | 11 | 8 | 5 |
| 贵　州 | — | 18 | 18 | — | — | 8 | 3 | 5 | — |
| 云　南 | — | 48 | 44 | 4 | — | 11 | 5 | 4 | 2 |
| 西　藏 | 2 | 30 | 20 | 6 | 4 | 20 | 2 | 11 | 7 |
| 陕　西 | 12 | 181 | 128 | 38 | 15 | 125 | 45 | 50 | 30 |
| 甘　肃 | 5 | 55 | 43 | 6 | 6 | 31 | 11 | 14 | 6 |
| 青　海 | 8 | 160 | 104 | 34 | 22 | 119 | 40 | 50 | 29 |
| 宁　夏 | 5 | 125 | 95 | 19 | 11 | 99 | 35 | 28 | 36 |
| 新　疆 | 12 | 245 | 153 | 69 | 23 | 199 | 45 | 80 | 74 |
| 新疆兵团 | — | — | — | — | — | — | — | — | — |

# 林业工作站基本情况

| 县(市、区) | | | | | | | | |
|---|---|---|---|---|---|---|---|---|
| 林业工作站总数(个) | 管理人员数量(人) | | | | | | | |
| | 文化程度 | | | | 专业技术人员 | | | |
| | 合计 | 本科及以上学历 | 大专学历 | 中专及以下学历 | 合计 | 高级 | 中级 | 初级 |
| **1319** | **17512** | **9903** | **5493** | **2116** | **12066** | **3389** | **5370** | **3307** |
| 13 | 65 | 61 | 4 | — | 37 | 6 | 16 | 15 |
| — | 13 | 13 | — | — | 5 | 2 | 1 | 2 |
| 133 | 918 | 615 | 253 | 50 | 620 | 202 | 270 | 148 |
| — | 499 | 296 | 145 | 58 | 376 | 86 | 187 | 103 |
| 51 | 1104 | 720 | 252 | 132 | 705 | 245 | 280 | 180 |
| 17 | 328 | 175 | 123 | 30 | 209 | 56 | 116 | 37 |
| 62 | 577 | 287 | 196 | 94 | 423 | 172 | 158 | 93 |
| 58 | 604 | 324 | 208 | 72 | 451 | 166 | 169 | 116 |
| 9 | 211 | 177 | 24 | 10 | 161 | 30 | 61 | 70 |
| 68 | 767 | 585 | 141 | 41 | 643 | 294 | 222 | 127 |
| 49 | 214 | 190 | 23 | 1 | 151 | 39 | 78 | 34 |
| 43 | 491 | 282 | 169 | 40 | 397 | 133 | 149 | 115 |
| 18 | 249 | 164 | 65 | 20 | 203 | 52 | 93 | 58 |
| 42 | 726 | 268 | 308 | 150 | 435 | 61 | 211 | 163 |
| 62 | 680 | 469 | 149 | 62 | 490 | 139 | 257 | 94 |
| 69 | 1410 | 658 | 520 | 232 | 921 | 187 | 424 | 310 |
| 1 | 190 | 104 | 71 | 15 | 130 | 24 | 76 | 30 |
| 62 | 288 | 158 | 111 | 19 | 203 | 44 | 120 | 39 |
| 25 | 204 | 125 | 66 | 13 | 72 | 9 | 45 | 18 |
| 61 | 403 | 192 | 182 | 29 | 279 | 28 | 160 | 91 |
| — | — | — | — | — | — | — | — | — |
| 39 | 137 | 110 | 22 | 5 | 84 | 25 | 43 | 16 |
| 67 | 587 | 353 | 196 | 38 | 435 | 129 | 186 | 120 |
| 21 | 252 | 182 | 61 | 9 | 209 | 46 | 99 | 64 |
| — | 384 | 282 | 95 | 7 | 242 | 108 | 95 | 39 |
| 37 | 214 | 161 | 38 | 15 | 112 | 6 | 27 | 79 |
| 100 | 2827 | 1137 | 1105 | 585 | 1812 | 484 | 872 | 456 |
| 62 | 773 | 456 | 230 | 87 | 559 | 197 | 241 | 121 |
| 40 | 518 | 328 | 147 | 43 | 379 | 75 | 175 | 129 |
| 18 | 423 | 355 | 59 | 9 | 357 | 163 | 118 | 76 |
| 92 | 1456 | 676 | 530 | 250 | 966 | 181 | 421 | 364 |
| 13 | 129 | 107 | 19 | 3 | 96 | 20 | 39 | 37 |

# 各地区乡镇林业

| 地区 | 至本年底实有站数(个) | | | | | | |
|---|---|---|---|---|---|---|---|
| | 合计 | 按乡独立设站 | 片站 | | 独立林长办 | 农业综合服务中心加挂林业站牌子 | 自然资源所(机构)加挂林业站牌子 |
| | | | 数量 | 管理乡镇数 | | | |
| **全　国** | **25487** | **6928** | **815** | **2527** | **2765** | **4278** | **990** |
| 北　京 | 173 | 17 | — | — | — | 2 | — |
| 天　津 | 113 | — | — | — | — | — | — |
| 河　北 | 1508 | 7 | 42 | 178 | 95 | 638 | 168 |
| 山　西 | 603 | — | — | — | — | — | — |
| 内蒙古 | 602 | 48 | 2 | 4 | — | — | — |
| 辽　宁 | 944 | 347 | — | — | — | 28 | — |
| 吉　林 | 686 | 2 | 3 | 7 | — | 13 | — |
| 黑龙江 | 823 | 161 | 13 | 30 | 29 | 10 | — |
| 上　海 | 106 | 22 | — | — | — | 32 | — |
| 江　苏 | 314 | 11 | 6 | 17 | — | 51 | 6 |
| 浙　江 | 1130 | 70 | 29 | 104 | 896 | 86 | 32 |
| 安　徽 | 972 | 315 | 85 | 272 | 2 | 98 | 309 |
| 福　建 | 896 | 810 | 26 | 84 | — | 4 | 31 |
| 江　西 | 1020 | 226 | 84 | 275 | 523 | 34 | — |
| 山　东 | 1290 | 129 | — | — | — | 327 | 21 |
| 河　南 | 1703 | 91 | 89 | 242 | 287 | 483 | 80 |
| 湖　北 | 829 | 545 | 56 | 148 | — | 11 | 86 |
| 湖　南 | 1678 | 1219 | 64 | 200 | 225 | 117 | 41 |
| 广　东 | 1102 | 100 | 1 | 2 | — | 459 | — |
| 广　西 | 1133 | 331 | — | — | — | 116 | — |
| 海　南 | 196 | 196 | — | — | — | — | — |
| 重　庆 | 780 | 19 | — | — | — | 221 | 23 |
| 四　川 | 1298 | 243 | 181 | 535 | 80 | 261 | 187 |
| 贵　州 | 1394 | 1105 | — | — | — | 247 | 2 |
| 云　南 | 1392 | 607 | — | — | — | 578 | — |
| 西　藏 | 370 | — | — | — | — | — | — |
| 陕　西 | 592 | 147 | 55 | 156 | 9 | 214 | — |
| 甘　肃 | 316 | 33 | 77 | 268 | — | 99 | 4 |
| 青　海 | 358 | 18 | 2 | 5 | — | 65 | — |
| 宁　夏 | 187 | — | — | — | — | — | — |
| 新　疆 | 979 | 109 | — | — | 619 | 84 | — |
| 新疆兵团 | 151 | — | — | — | — | — | — |

# 工作站基本情况(一)

| | | | | | | 林业站加挂其他机构牌子数(个) | |
|---|---|---|---|---|---|---|---|
| | | 按管理体制 | | | 本年新设站数(个) | | |
| 其他乡镇机构加挂林业站牌子 | 无机构编制文件但正常履职的“林业站” | 派出机构 | 双重领导 | 乡镇管理 | | 已加挂林长办牌子站数 | 已加挂野保站牌子站数 |
| **697** | **9014** | **3996** | **1449** | **20042** | **1810** | **18014** | **2602** |
| 14 | 140 | — | 17 | 156 | — | 173 | — |
| — | 113 | — | — | 113 | — | 113 | — |
| 84 | 474 | 60 | — | 1448 | 353 | 962 | 54 |
| — | 603 | — | — | 603 | — | 395 | — |
| — | 552 | 15 | 4 | 583 | 1 | 349 | 18 |
| 60 | 509 | 5 | 51 | 888 | 12 | 761 | 91 |
| 2 | 666 | 15 | — | 671 | — | 433 | 82 |
| 20 | 590 | 174 | — | 649 | 1 | 682 | 51 |
| 52 | — | — | — | 106 | — | 65 | 1 |
| 5 | 235 | 25 | 22 | 267 | — | 75 | — |
| 17 | — | 117 | 20 | 993 | 645 | 1023 | 6 |
| 16 | 147 | 528 | 122 | 322 | 27 | 705 | 123 |
| — | 25 | 896 | — | — | 3 | 576 | 528 |
| 2 | 151 | 173 | 70 | 777 | 36 | 539 | 210 |
| 47 | 766 | 31 | 4 | 1255 | 18 | 526 | 4 |
| 46 | 627 | 176 | 118 | 1409 | 343 | 900 | 65 |
| — | 131 | 682 | 117 | 30 | 1 | 547 | 112 |
| 1 | 11 | 304 | 141 | 1233 | 40 | 1374 | 307 |
| 158 | 384 | 41 | 2 | 1059 | 46 | 834 | 54 |
| 95 | 591 | 84 | 58 | 991 | — | 1131 | 1 |
| — | — | — | 196 | — | 196 | 196 | 3 |
| 4 | 513 | — | — | 780 | 2 | 504 | 1 |
| 12 | 334 | 402 | 239 | 657 | 60 | 978 | 129 |
| 33 | 7 | 2 | 153 | 1239 | 4 | 1095 | 253 |
| 10 | 197 | — | — | 1392 | — | 1173 | 276 |
| — | 370 | 1 | 13 | 356 | — | 217 | 2 |
| 14 | 153 | 115 | 33 | 444 | — | 374 | 142 |
| 5 | 98 | 114 | 22 | 180 | 22 | 134 | 14 |
| — | 273 | 36 | 20 | 302 | — | 210 | — |
| — | 187 | — | — | 187 | — | 84 | 11 |
| — | 167 | — | 27 | 952 | — | 886 | 64 |
| — | 151 | — | — | 151 | — | 62 | — |

# 各地区乡镇林业

| 地　区 | 林业站加挂其他机构牌子数(个) | | | | | | 至本年底核定编制数（人） |
|---|---|---|---|---|---|---|---|
| | 已加挂科技推广站牌子站数 | 已加挂公益林管护站牌子站数 | 已加挂森林防火指挥部（所）牌子站数 | 已加挂病虫害防治（林业有害生物防治）站牌子站数 | 已加挂天然林资源管护站牌子站数 | 已加挂生态监测站牌子站数 | |
| **全　国** | **1473** | **1903** | **2650** | **1416** | **1922** | **446** | **84450** |
| 北　京 | — | — | 4 | — | — | — | 637 |
| 天　津 | — | — | — | — | — | — | 200 |
| 河　北 | 34 | 27 | 31 | 22 | — | — | 3907 |
| 山　西 | — | — | — | — | — | — | 1321 |
| 内蒙古 | 18 | 22 | 17 | 9 | 3 | 1 | 1648 |
| 辽　宁 | 6 | 100 | 80 | 40 | 34 | 7 | 2823 |
| 吉　林 | 68 | 56 | 52 | 52 | 39 | 32 | 2627 |
| 黑龙江 | 27 | — | 30 | 14 | 12 | 12 | 2301 |
| 上　海 | — | — | 1 | 1 | — | — | 383 |
| 江　苏 | — | 13 | — | 1 | — | — | 692 |
| 浙　江 | — | 49 | 1 | — | — | — | 4256 |
| 安　徽 | 24 | 1 | 37 | 43 | 1 | 1 | 3146 |
| 福　建 | 232 | 65 | 117 | 135 | 63 | 32 | 3632 |
| 江　西 | 78 | 124 | 129 | 165 | 96 | 79 | 3002 |
| 山　东 | — | 2 | 68 | 32 | — | 1 | 2299 |
| 河　南 | 114 | 124 | 173 | 80 | 96 | 15 | 4284 |
| 湖　北 | 61 | 77 | 85 | 49 | 245 | 39 | 3486 |
| 湖　南 | 265 | 349 | 548 | 278 | 182 | 107 | 6802 |
| 广　东 | 56 | 39 | 121 | 35 | 19 | 18 | 3909 |
| 广　西 | 12 | 1 | 45 | 1 | — | 1 | 3268 |
| 海　南 | 2 | 68 | 25 | 3 | — | — | 607 |
| 重　庆 | — | 2 | 9 | 5 | 2 | 1 | 2009 |
| 四　川 | 107 | 25 | 178 | 38 | 119 | 6 | 5489 |
| 贵　州 | 42 | 132 | 276 | 91 | 372 | 30 | 5016 |
| 云　南 | 177 | 342 | 496 | 161 | 368 | 25 | 7570 |
| 西　藏 | 12 | 15 | 12 | — | — | — | 1402 |
| 陕　西 | 70 | 80 | 47 | 75 | 231 | 19 | 1947 |
| 甘　肃 | 9 | 27 | 9 | 11 | 18 | — | 1302 |
| 青　海 | — | 84 | — | — | — | — | 512 |
| 宁　夏 | — | 5 | — | — | 5 | — | 513 |
| 新　疆 | 59 | 74 | 59 | 75 | 17 | 20 | 3460 |
| 新疆兵团 | — | — | — | 6 | — | — | 320 |

# 工作站基本情况(二)

| 林业站职工数及经费来源 | | | | | | 林业站财政补助收入(万元) | 其他涉林机构及人员 | | |
|---|---|---|---|---|---|---|---|---|---|
| 年末在岗职工总数(人) | | 经费渠道(人) | | | | | 机构数(个) | | 林业工作人员数量(人) |
| 合计 | 其中:长期职工人数 | 财政全额 | 财政差额 | 林业经费 | 自收自支 | | 小计 | 其中:设置1~2名林业工作人员的林长办 | |
| **89392** | **83705** | **80996** | **2514** | **3206** | **2676** | **625433** | **6258** | **4183** | **10114** |
| 814 | 801 | 620 | 3 | 1 | 190 | 35089 | — | — | — |
| 251 | 181 | 163 | 78 | — | 10 | 2428 | 45 | 38 | 67 |
| 5198 | 4685 | 3968 | 300 | 179 | 751 | 20782 | 508 | 295 | 594 |
| 1755 | 1584 | 1593 | 8 | 42 | 112 | 2688 | 507 | 274 | 584 |
| 2001 | 1879 | 1836 | 2 | 155 | 8 | 9631 | 155 | 140 | 295 |
| 2721 | 2562 | 2414 | 69 | 107 | 131 | 9490 | 149 | 145 | 319 |
| 2729 | 2717 | 2518 | 8 | 146 | 57 | 14157 | 1 | 1 | 2 |
| 2839 | 2658 | 2498 | 296 | 34 | 11 | 15437 | 2 | 1 | 2 |
| 463 | 450 | 442 | — | — | 21 | 7153 | — | — | — |
| 770 | 677 | 726 | 31 | — | 13 | 6313 | 540 | 158 | 658 |
| 4740 | 4361 | 4565 | 89 | 72 | 14 | 48640 | 143 | 107 | 451 |
| 2781 | 2741 | 2719 | 6 | 15 | 41 | 25018 | 153 | 95 | 218 |
| 3194 | 2976 | 2682 | 12 | 342 | 158 | 33954 | 13 | 13 | 74 |
| 3482 | 3274 | 2767 | 205 | 218 | 292 | 17286 | 160 | 160 | 370 |
| 2747 | 2627 | 2574 | 66 | 4 | 103 | 13192 | 404 | 271 | 540 |
| 5054 | 4638 | 4255 | 310 | 255 | 234 | 19233 | 197 | 130 | 302 |
| 4032 | 3829 | 2868 | 444 | 398 | 322 | 36697 | 101 | 72 | 166 |
| 6924 | 6703 | 6608 | 254 | 22 | 40 | 34225 | 39 | 39 | 48 |
| 4284 | 3926 | 3931 | 155 | 85 | 113 | 17735 | 315 | 250 | 1168 |
| 3495 | 3416 | 3470 | — | 25 | — | 23231 | — | — | — |
| 787 | 595 | 384 | 8 | 393 | 2 | 744 | — | — | — |
| 2523 | 2256 | 2447 | 20 | 32 | 24 | 16514 | 178 | 43 | 297 |
| 5456 | 5178 | 5303 | 3 | 134 | 16 | 29214 | 1075 | 724 | 1412 |
| 4306 | 4012 | 4010 | 15 | 281 | — | 45790 | 102 | 83 | 355 |
| 6819 | 6692 | 6819 | — | — | — | 86549 | — | — | — |
| 1423 | 1020 | 1392 | 31 | — | — | 6197 | 45 | 14 | 307 |
| 2048 | 1966 | 1878 | 2 | 168 | — | 15659 | 512 | 286 | 384 |
| 1305 | 1276 | 1242 | 7 | 51 | 5 | 9083 | 872 | 809 | 1308 |
| 521 | 450 | 508 | 13 | — | — | 3105 | 24 | 17 | 54 |
| 443 | 443 | 439 | — | 4 | — | 1049 | 18 | 18 | 139 |
| 3487 | 3132 | 3357 | 79 | 43 | 8 | 19148 | — | — | — |
| 336 | 299 | 335 | 1 | — | — | 6724 | — | — | — |

# 各地区乡镇林业工作站

| 地 区 | 年末在岗职工数 | 文化程度情况 | | | | |
|---|---|---|---|---|---|---|
| | | 大专及以上学历人数 | 中专学历人数 | 高中学历人数 | 初中及以下学历人数 | 其中:涉林专业人数 |
| **全 国** | **89392** | **64796** | **14063** | **8131** | **2402** | **26262** |
| 北 京 | 814 | 709 | 67 | 28 | 10 | 100 |
| 天 津 | 251 | 235 | 3 | 12 | 1 | 5 |
| 河 北 | 5198 | 3685 | 924 | 488 | 101 | 774 |
| 山 西 | 1755 | 1279 | 253 | 188 | 35 | 161 |
| 内蒙古 | 2001 | 1545 | 317 | 117 | 22 | 510 |
| 辽 宁 | 2721 | 2165 | 254 | 157 | 145 | 605 |
| 吉 林 | 2729 | 1905 | 637 | 134 | 53 | 942 |
| 黑龙江 | 2839 | 2071 | 520 | 187 | 61 | 640 |
| 上 海 | 463 | 419 | 20 | 12 | 12 | 42 |
| 江 苏 | 770 | 592 | 130 | 43 | 5 | 202 |
| 浙 江 | 4740 | 4312 | 242 | 137 | 49 | 939 |
| 安 徽 | 2781 | 2125 | 497 | 134 | 25 | 1429 |
| 福 建 | 3194 | 2523 | 361 | 224 | 86 | 1868 |
| 江 西 | 3482 | 1753 | 844 | 689 | 196 | 975 |
| 山 东 | 2747 | 2110 | 387 | 192 | 58 | 545 |
| 河 南 | 5054 | 3089 | 1073 | 775 | 117 | 544 |
| 湖 北 | 4032 | 2444 | 720 | 561 | 307 | 1470 |
| 湖 南 | 6924 | 3954 | 1499 | 1202 | 269 | 2038 |
| 广 东 | 4284 | 2913 | 758 | 469 | 144 | 778 |
| 广 西 | 3495 | 2849 | 420 | 182 | 44 | 1384 |
| 海 南 | 787 | 305 | 85 | 379 | 18 | 38 |
| 重 庆 | 2523 | 1943 | 387 | 155 | 38 | 318 |
| 四 川 | 5456 | 3475 | 1045 | 693 | 243 | 1673 |
| 贵 州 | 4306 | 3566 | 486 | 171 | 83 | 1638 |
| 云 南 | 6819 | 5799 | 697 | 206 | 117 | 3906 |
| 西 藏 | 1423 | 1397 | 25 | — | 1 | 48 |
| 陕 西 | 2048 | 1409 | 369 | 242 | 28 | 721 |
| 甘 肃 | 1305 | 999 | 154 | 126 | 26 | 627 |
| 青 海 | 521 | 407 | 68 | 26 | 20 | 153 |
| 宁 夏 | 443 | 380 | 54 | 6 | 3 | 190 |
| 新 疆 | 3487 | 2439 | 767 | 196 | 85 | 999 |
| 新疆兵团 | 336 | 326 | 10 | — | — | 89 |

# 人员素质和培训情况

单位：人

| 专业技术人员 | | | 年龄结构情况 | | | 年度培训情况(人次) | | | |
|---|---|---|---|---|---|---|---|---|---|
| | | | | | | 站长 | | | |
| 高级 | 中级 | 初级 | 35 岁以下 | 36~50 岁 | 51 岁以上 | 计 | 初任培训人次数 | 能力提升培训人次数 | 站员培训人次数 |
| **6843** | **19008** | **18294** | **23042** | **45332** | **21018** | **31900** | **5743** | **26157** | **99121** |
| 14 | 58 | 33 | 237 | 396 | 181 | 259 | 60 | 199 | 903 |
| 12 | 17 | 8 | 59 | 151 | 41 | 41 | 2 | 39 | 169 |
| 343 | 755 | 687 | 1802 | 2788 | 608 | 1235 | 279 | 956 | 2519 |
| 20 | 161 | 169 | 580 | 900 | 275 | 280 | 58 | 222 | 695 |
| 271 | 388 | 334 | 461 | 998 | 542 | 450 | 69 | 381 | 1247 |
| 119 | 725 | 407 | 409 | 1492 | 820 | 1318 | 192 | 1126 | 3087 |
| 301 | 760 | 646 | 373 | 1276 | 1080 | 274 | 42 | 232 | 2169 |
| 280 | 732 | 452 | 864 | 1293 | 682 | 137 | 55 | 82 | 869 |
| 11 | 25 | 78 | 141 | 244 | 78 | 111 | — | 111 | 590 |
| 111 | 228 | 174 | 145 | 329 | 296 | 702 | 227 | 475 | 1634 |
| 78 | 722 | 635 | 1557 | 2348 | 835 | 927 | 159 | 768 | 2906 |
| 590 | 868 | 651 | 492 | 1245 | 1044 | 2021 | 300 | 1721 | 4002 |
| 387 | 776 | 899 | 983 | 1035 | 1176 | 600 | 70 | 530 | 3814 |
| 166 | 685 | 608 | 801 | 1759 | 922 | 1296 | 273 | 1023 | 2036 |
| 287 | 684 | 443 | 444 | 1668 | 635 | 1515 | 217 | 1298 | 2856 |
| 100 | 660 | 929 | 1011 | 3205 | 838 | 2211 | 488 | 1723 | 3934 |
| 72 | 1174 | 888 | 513 | 1909 | 1610 | 1422 | 279 | 1143 | 6441 |
| 249 | 1416 | 1177 | 1054 | 3750 | 2120 | 2343 | 434 | 1909 | 7171 |
| 43 | 550 | 622 | 1077 | 2026 | 1181 | 1036 | 226 | 810 | 4505 |
| 139 | 934 | 1001 | 1144 | 1557 | 794 | 1454 | 238 | 1216 | 4642 |
| 1 | 231 | 77 | 126 | 567 | 94 | 327 | 69 | 258 | 289 |
| 171 | 532 | 396 | 649 | 1370 | 504 | 695 | 186 | 509 | 1792 |
| 294 | 1034 | 2043 | 1766 | 2455 | 1235 | 1738 | 356 | 1382 | 7831 |
| 305 | 923 | 1051 | 1572 | 1970 | 764 | 2991 | 612 | 2379 | 5044 |
| 1811 | 1798 | 1669 | 1990 | 3671 | 1158 | 4696 | 440 | 4256 | 20618 |
| 1 | 77 | 367 | 1167 | 256 | — | 164 | 64 | 100 | 115 |
| 214 | 507 | 337 | 453 | 1143 | 452 | 699 | 128 | 571 | 2311 |
| 151 | 321 | 197 | 380 | 665 | 260 | 161 | 34 | 127 | 1225 |
| 26 | 130 | 108 | 168 | 277 | 76 | 42 | — | 42 | 158 |
| 122 | 143 | 105 | 77 | 235 | 131 | 51 | 5 | 46 | 184 |
| 154 | 994 | 1103 | 547 | 2354 | 586 | 704 | 181 | 523 | 3365 |
| 55 | 132 | 81 | 83 | 148 | 105 | 138 | 17 | 121 | 613 |

# 各地区乡镇林业工

| 地　区 | 本年完成投资(万元) | | | | 至本年底自有 | |
|---|---|---|---|---|---|---|
| | 合计 | 国家投资 | 地方投资 | | 自有业务用房林业站数量(个) | 自有业务用房面积(平方米) |
| | | | 计 | 其中:省级投资 | | |
| **全　国** | **29226** | **14660** | **14566** | **3220** | **13518** | **2397894** |
| 北　京 | — | — | — | — | 73 | 15343 |
| 天　津 | 1624 | — | 1624 | — | 58 | 2669 |
| 河　北 | 902 | 900 | 2 | — | 631 | 25925 |
| 山　西 | — | — | — | — | 130 | 7689 |
| 内蒙古 | 240 | 240 | — | — | 289 | 19090 |
| 辽　宁 | 948 | 940 | 8 | — | 885 | 91234 |
| 吉　林 | 13 | — | 13 | — | 458 | 45314 |
| 黑龙江 | 333 | 330 | 3 | — | 324 | 28450 |
| 上　海 | 30 | — | 30 | 30 | 93 | 18413 |
| 江　苏 | 60 | — | 60 | — | 105 | 8985 |
| 浙　江 | 725 | 440 | 285 | 80 | 275 | 49163 |
| 安　徽 | 2433 | 1130 | 1303 | 244 | 494 | 141052 |
| 福　建 | 3194 | 2160 | 1034 | 667 | 741 | 328048 |
| 江　西 | 1938 | 630 | 1308 | 98 | 355 | 107652 |
| 山　东 | 1204 | 220 | 984 | 100 | 490 | 30296 |
| 河　南 | 2223 | 640 | 1583 | 480 | 858 | 94448 |
| 湖　北 | 1602 | 1000 | 602 | — | 675 | 303917 |
| 湖　南 | 4730 | 1340 | 3390 | 355 | 943 | 180572 |
| 广　东 | 749 | 380 | 369 | 55 | 424 | 81615 |
| 广　西 | 1833 | 1110 | 723 | 666 | 499 | 119433 |
| 海　南 | 93 | — | 93 | 20 | 104 | 7944 |
| 重　庆 | 430 | — | 430 | 405 | 450 | 18951 |
| 四　川 | 1218 | 1150 | 68 | — | 565 | 114469 |
| 贵　州 | 873 | 850 | 23 | 20 | 939 | 122500 |
| 云　南 | — | — | — | — | 1105 | 253174 |
| 西　藏 | 18 | — | 18 | — | 5 | 150 |
| 陕　西 | 650 | 650 | — | — | 361 | 52872 |
| 甘　肃 | — | — | — | — | 209 | 36154 |
| 青　海 | — | — | — | — | 148 | 13861 |
| 宁　夏 | — | — | — | — | 50 | 4879 |
| 新　疆 | 1165 | 550 | 615 | — | 782 | 73630 |
| 新疆兵团 | — | — | — | — | 67 | 6393 |

# 作站投资完成情况

| 业务用房情况 | | 至本年底交通工具配备情况 | | | 至本年底计算机配备情况 | | |
|---|---|---|---|---|---|---|---|
| 其中:本年新建站数（个） | 其中:本年新建面积（平方米） | 有交通工具林业站数量（个） | 交通工具数量（辆） | 其中:本年新增交通工具的站数（个） | 有计算机林业站数量（个） | 计算机数量（台） | 其中:本年新增计算机的站数（个） |
| **418** | **43440** | **8049** | **11950** | **476** | **22447** | **57123** | **1467** |
| — | — | 68 | 130 | 3 | 172 | 805 | 7 |
| — | — | 32 | 63 | — | 113 | 143 | — |
| 53 | 2242 | 384 | 407 | 29 | 1061 | 1614 | 57 |
| — | — | 179 | 216 | 27 | 317 | 356 | 3 |
| 1 | 101 | 221 | 250 | 10 | 594 | 1470 | 35 |
| 11 | 1360 | 807 | 919 | 15 | 927 | 2060 | 41 |
| — | — | 220 | 277 | 16 | 678 | 1912 | 18 |
| — | — | 206 | 230 | 10 | 823 | 1491 | 62 |
| 3 | 1490 | 68 | 145 | 5 | 106 | 418 | — |
| — | — | 56 | 58 | 2 | 282 | 727 | — |
| 128 | 7213 | 167 | 191 | 9 | 929 | 3197 | 182 |
| 22 | 7046 | 339 | 477 | 6 | 839 | 2593 | 34 |
| 7 | 3589 | 541 | 972 | 12 | 892 | 3488 | 60 |
| 7 | 2807 | 343 | 424 | 13 | 989 | 1814 | 74 |
| 18 | 3540 | 224 | 572 | 11 | 960 | 1413 | 53 |
| — | — | 433 | 568 | 20 | 1703 | 2688 | 65 |
| 7 | 2449 | 405 | 499 | 19 | 795 | 2846 | 91 |
| 82 | 5959 | 236 | 386 | 8 | 1591 | 3373 | 151 |
| 9 | 1454 | 541 | 1343 | 13 | 895 | 2977 | 57 |
| 1 | 351 | 440 | 660 | 16 | 1036 | 2789 | 41 |
| — | — | 44 | 167 | — | 121 | 193 | 1 |
| 43 | 1473 | 167 | 174 | 68 | 777 | 1701 | 7 |
| 16 | 200 | 245 | 272 | 35 | 1032 | 2723 | 132 |
| 4 | 760 | 421 | 510 | 55 | 1281 | 3539 | 100 |
| — | — | 816 | 1370 | 31 | 1386 | 6664 | 83 |
| — | — | 10 | 10 | — | 5 | 5 | — |
| — | — | 39 | 39 | 1 | 494 | 1023 | 38 |
| 1 | 814 | 51 | 82 | 10 | 294 | 638 | 27 |
| — | — | 75 | 146 | — | 329 | 491 | 6 |
| — | — | 34 | 36 | 4 | 148 | 415 | 6 |
| 5 | 592 | 237 | 357 | 28 | 878 | 1557 | 36 |
| — | — | 72 | 162 | 3 | 151 | 397 | 3 |

# 各地区乡镇林业工作

| 地区 | 受委托行使林业行政执法权站数（个） | 持有林业行政执法证人数（人） | 直接办理林政案件数（件） | 协助办理林政案件数（件） | 参与调处林权纠纷（件） | 受理林业承包合同纠纷（件） |
|---|---|---|---|---|---|---|
| **全　国** | **5744** | **20211** | **16839** | **38443** | **28485** | **3966** |
| 北　京 | — | 8 | — | 85 | 59 | 6 |
| 天　津 | — | 17 | 6 | 30 | 1 | — |
| 河　北 | 368 | 771 | 95 | 451 | 288 | 84 |
| 山　西 | — | 34 | 18 | 254 | 96 | 72 |
| 内蒙古 | 18 | 122 | 13 | 1745 | 823 | 159 |
| 辽　宁 | 204 | 502 | 631 | 1262 | 1302 | 365 |
| 吉　林 | 129 | 401 | 141 | 403 | 365 | 95 |
| 黑龙江 | 196 | 266 | 118 | 305 | 100 | 23 |
| 上　海 | — | — | — | 27 | 13 | — |
| 江　苏 | — | 66 | 3 | 59 | 39 | 22 |
| 浙　江 | 33 | 579 | 202 | 1683 | 1095 | 113 |
| 安　徽 | 198 | 1416 | 224 | 1899 | 806 | 178 |
| 福　建 | 422 | 1606 | 1705 | 2584 | 1160 | 206 |
| 江　西 | 516 | 1173 | 1713 | 1332 | 1502 | 416 |
| 山　东 | 1 | 13 | 74 | 356 | 55 | 10 |
| 河　南 | 97 | 354 | 190 | 750 | 652 | 108 |
| 湖　北 | 452 | 2000 | 1481 | 1671 | 2049 | 387 |
| 湖　南 | 630 | 2065 | 1477 | 2001 | 2100 | 315 |
| 广　东 | 89 | 613 | 400 | 2362 | 1632 | 103 |
| 广　西 | 178 | 1029 | 1903 | 7494 | 5879 | 287 |
| 海　南 | 6 | 12 | 92 | 207 | 128 | 22 |
| 重　庆 | 193 | 338 | 301 | 1007 | 738 | 136 |
| 四　川 | 245 | 1134 | 617 | 2210 | 955 | 149 |
| 贵　州 | 461 | 839 | 315 | 2113 | 2720 | 318 |
| 云　南 | 989 | 3859 | 4612 | 4707 | 3271 | 302 |
| 西　藏 | — | — | — | 23 | 1 | — |
| 陕　西 | 183 | 535 | 396 | 804 | 394 | 49 |
| 甘　肃 | 58 | 210 | 3 | 223 | 48 | 4 |
| 青　海 | 20 | 11 | — | 25 | 5 | — |
| 宁　夏 | 21 | 51 | 31 | 52 | 9 | 3 |
| 新　疆 | 37 | 187 | 78 | 319 | 200 | 34 |
| 新疆兵团 | — | 48 | — | 37 | 28 | 9 |

# 站职能作用发挥情况

| 政策等宣传数（人天） | 开展一站式、全程代理服务站数（个） | 参与森林保险工作的站数（个） | 指导、扶持的林业经济合作组织个数 | | 培训林农（人次） | 科技推广 | |
|---|---|---|---|---|---|---|---|
| | | | 合计（个） | 带动农户（户） | | 站办示范基地面积（公顷） | 本年推广面积（公顷） |
| **1860088** | **6579** | **10235** | **55159** | **2067639** | **4280052** | **83240** | **311609** |
| 13840 | 18 | 35 | 324 | 20798 | 19106 | 1268 | 1091 |
| 847 | 8 | — | 65 | 737 | 4159 | 200 | 340 |
| 39704 | 441 | 574 | 2329 | 55505 | 157843 | 7195 | 33646 |
| 15821 | 10 | 153 | 1482 | 65764 | 36305 | 508 | 6064 |
| 10810 | 252 | 327 | 325 | 7905 | 36827 | 381 | 1057 |
| 50054 | 217 | 533 | 279 | 18306 | 28436 | 827 | 123 |
| 29730 | 239 | 45 | 577 | 3166 | 11384 | 12 | 61 |
| 9182 | 52 | — | 167 | 2248 | 12113 | 472 | 50 |
| 1903 | 6 | 80 | 10 | 157 | 1533 | — | — |
| 5507 | 26 | 2 | 210 | 7171 | 21927 | 518 | 1150 |
| 37361 | 106 | 282 | 1379 | 104341 | 38885 | 655 | 2364 |
| 49885 | 390 | 524 | 3874 | 134596 | 158301 | 5911 | 34174 |
| 54796 | 307 | 707 | 3870 | 31731 | 41455 | 2970 | 7764 |
| 24582 | 217 | 393 | 4647 | 51907 | 55166 | 2388 | 6127 |
| 31054 | 50 | 367 | 1499 | 73308 | 104763 | 3370 | 3924 |
| 14694 | 159 | 186 | 3176 | 74574 | 150763 | 1405 | 7123 |
| 113036 | 550 | 510 | 5240 | 303460 | 210845 | 4185 | 22623 |
| 137038 | 1027 | 1043 | 9233 | 245582 | 219698 | 8944 | 40865 |
| 49372 | 69 | 496 | 414 | 7576 | 11990 | 849 | 287 |
| 72918 | 252 | 523 | 1224 | 30229 | 192955 | 1730 | 20982 |
| 5670 | 31 | 30 | 225 | 1237 | 3998 | — | 104 |
| 73964 | 267 | 424 | 754 | 61209 | 105068 | 135 | 3892 |
| 88248 | 432 | 558 | 5496 | 160566 | 313691 | 3328 | 11593 |
| 208564 | 353 | 915 | 3132 | 141985 | 176276 | 5040 | 6254 |
| 622017 | 750 | 902 | 2159 | 257754 | 846198 | 5062 | 25191 |
| 931 | 10 | — | 6 | 206 | 5 | — | 20 |
| 23262 | 118 | 211 | 1109 | 65573 | 160624 | 9772 | 16984 |
| 7041 | 82 | 111 | 520 | 23966 | 92679 | 2559 | 6785 |
| 1991 | 2 | 85 | 190 | 4527 | 6778 | — | — |
| 8103 | 13 | 20 | 160 | 11980 | 31902 | 512 | 7200 |
| 58163 | 125 | 199 | 1084 | 99575 | 1028379 | 13044 | 43770 |
| 4812 | 12 | — | 101 | 4805 | 63577 | 2041 | 3665 |

# 各地区乡村林场基本情况

| 地　区 | 林场个数(个) | | | 经营面积(公顷) | | | | 年末实有从业人员(人) |
|---|---|---|---|---|---|---|---|---|
| | 合计 | 其中 | | 合计 | 公益林 | 商品林 | 其他 | |
| | | 集体林场 | 家庭林场 | | | | | |
| **全　国** | **19835** | **10539** | **9145** | **8538580** | **4131227** | **2522678** | **1884675** | **131923** |
| 北　京 | 131 | 131 | — | 175944 | 139907 | 540 | 35498 | 22566 |
| 天　津 | 11 | 11 | — | 1964 | 1914 | — | 50 | 72 |
| 河　北 | 310 | 56 | 239 | 70951 | 52050 | 11073 | 7828 | 1870 |
| 山　西 | 145 | 55 | 88 | 1238931 | 111978 | 1610 | 1125343 | 637 |
| 内蒙古 | 368 | 93 | 275 | 1099241 | 968928 | 1119 | 129194 | 1276 |
| 辽　宁 | 508 | 160 | 348 | 180347 | 82541 | 97747 | 59 | 2647 |
| 吉　林 | 30 | 18 | 12 | 94428 | 10963 | 43579 | 39885 | 252 |
| 黑龙江 | 159 | 110 | 49 | 38642 | 17353 | 21041 | 248 | 431 |
| 上　海 | 1 | 1 | — | 267 | 213.971 | 1.757 | 51.272 | 32 |
| 江　苏 | 15 | 15 | — | 3305 | 1881 | 403 | 1020 | 275 |
| 浙　江 | 710 | 197 | 513 | 92384 | 56422 | 34513 | 1450 | 2515 |
| 安　徽 | 3642 | 1684 | 1940 | 374352 | 109163 | 257227 | 7962 | 23323 |
| 福　建 | 1463 | 396 | 1066 | 460005 | 125164 | 316100 | 18741 | 10283 |
| 江　西 | 1296 | 734 | 557 | 678720 | 244854 | 405983 | 27883 | 7996 |
| 山　东 | 381 | 172 | 203 | 81483 | 29131 | 13853 | 38499 | 3665 |
| 河　南 | 888 | 176 | 712 | 145800 | 87679 | 41094 | 17027 | 7150 |
| 湖　北 | 2906 | 1997 | 842 | 556863 | 229721 | 234117 | 93024 | 13541 |
| 湖　南 | 3254 | 2280 | 974 | 504560 | 201538 | 223380 | 79642 | 14410 |
| 广　东 | 536 | 276 | 260 | 242753 | 95969 | 134706 | 12079 | 1876 |
| 广　西 | 687 | 587 | 99 | 174441 | 40122 | 122852 | 11466 | 2980 |
| 海　南 | 8 | 7 | — | 8222 | 4397 | 3285 | 540 | 92 |
| 重　庆 | 225 | 121 | 104 | 82397 | 47186 | 31614 | 3596 | 2618 |
| 四　川 | 137 | 79 | 43 | 217591 | 153387 | 57353 | 6851 | 1964 |
| 贵　州 | 1176 | 879 | 296 | 888430 | 457161 | 419725 | 11545 | 5036 |
| 云　南 | 63 | 51 | 12 | 31622 | 17918 | 12987 | 717 | 340 |
| 西　藏 | — | — | — | — | — | — | — | 18 |
| 陕　西 | 110 | 81 | 29 | 48490 | 26073 | 5048 | 17370 | 551 |
| 甘　肃 | 401 | 87 | 305 | 101135 | 91002 | 5153 | 4981 | 1838 |
| 青　海 | 76 | 75 | 1 | 249634 | 223672 | 344 | 25618 | 93 |
| 宁　夏 | 191 | 4 | 177 | 193941 | 43999 | 1348 | 148594 | 875 |
| 新　疆 | 7 | 6 | 1 | 501737 | 458940 | 24884 | 17913 | 701 |
| 新疆兵团 | — | — | — | — | — | — | — | — |

# 附录三

# 林草主要灾害

ANNEX Ⅲ

# 全国林业主要灾害情况

| 指标名称 | 单　位 | 2022 年 | 2023 年 | 2023 年比 2022 年增减(%) |
|---|---|---|---|---|
| **林业有害生物** | | | | |
| 1. 发生面积 | 千公顷 | 11871 | 10923 | -7.99 |
| 2. 防治面积 | 千公顷 | 9600 | 9129 | -4.90 |
| 3. 防治率 | % | 80.87 | 83.58 | 2.71 |
| **一、林业病害** | | | | |
| 1. 发生面积 | 千公顷 | 2630 | 2250 | -14.45 |
| 2. 防治面积 | 千公顷 | 2051 | 1862 | -9.22 |
| 3. 防治率 | % | 77.99 | 82.76 | 4.77 |
| **二、林业虫害** | | | | |
| 1. 发生面积 | 千公顷 | 7297 | 6777 | -7.13 |
| 2. 防治面积 | 千公顷 | 6040 | 5792 | -4.11 |
| 3. 防治率 | % | 82.77 | 85.46 | 2.69 |
| **三、林业鼠(兔)害** | | | | |
| 1. 发生面积 | 千公顷 | 1770 | 1718 | -2.94 |
| 2. 防治面积 | 千公顷 | 1382 | 1356 | -1.88 |
| 3. 防治率 | % | 78.08 | 78.91 | 0.83 |
| **四、有害植物** | | | | |
| 1. 发生面积 | 千公顷 | 174 | 178 | 2.30 |
| 2. 防治面积 | 千公顷 | 127 | 120 | -5.51 |
| 3. 防治率 | % | 73.01 | 67.37 | -5.64 |

说明:防治率的增减幅度用百分点表示。

# 各地区林业有害生物发生防治情况(一)

| 地 区 | 林业有害生物 | | | 林业病害 | | | 林业虫害 | | |
|---|---|---|---|---|---|---|---|---|---|
| | 发生面积（公顷） | 防治面积（公顷） | 防治率（%） | 发生面积（公顷） | 防治面积（公顷） | 防治率（%） | 发生面积（公顷） | 防治面积（公顷） | 防治率（%） |
| **全 国** | **10922989** | **9129463** | **83.58** | **2250376** | **1862326** | **82.76** | **6776989** | **5791873** | **85.46** |
| 北 京 | 29321 | 29321 | 100 | 1288 | 1288 | 100 | 28033 | 28033 | 100 |
| 天 津 | 48553 | 48553 | 100 | 4283 | 4283 | 100 | 44270 | 44270 | 100 |
| 河 北 | 379429 | 360840 | 95.10 | 20802 | 18314 | 88.04 | 336418 | 323504 | 96.16 |
| 山 西 | 207077 | 161318 | 77.90 | 13452 | 10195 | 75.79 | 138402 | 103557 | 74.82 |
| 内蒙古 | 1023509 | 652652 | 63.77 | 218694 | 117776 | 53.85 | 638380 | 421870 | 66.08 |
| 辽 宁 | 502127 | 473028 | 94.20 | 35889 | 30455 | 84.86 | 457252 | 434223 | 94.96 |
| 吉 林 | 248589 | 234209 | 94.22 | 18386 | 18079 | 98.33 | 185859 | 172386 | 92.75 |
| 黑龙江 | 352979 | 307728 | 87.18 | 27044 | 18932 | 70.00 | 182045 | 155047 | 85.17 |
| 上 海 | 9362 | 9286 | 99.19 | 1366 | 1366 | 100 | 7996 | 7920 | 99.05 |
| 江 苏 | 75079 | 63056 | 83.99 | 11422 | 10770 | 94.29 | 62306 | 50935 | 81.75 |
| 浙 江 | 318328 | 279802 | 87.90 | 289536 | 256008 | 88.42 | 28792 | 23794 | 82.64 |
| 安 徽 | 333724 | 303976 | 91.09 | 97488 | 82977 | 85.12 | 236236 | 220999 | 93.55 |
| 福 建 | 251913 | 248178 | 98.52 | 70764 | 70742 | 99.97 | 181149 | 177436 | 97.95 |
| 江 西 | 433456 | 430159 | 99.24 | 213784 | 213360 | 99.80 | 219654 | 216781 | 98.69 |
| 山 东 | 453120 | 421468 | 93.01 | 100735 | 78015 | 77.45 | 352385 | 343453 | 97.47 |
| 河 南 | 354543 | 326362 | 92.05 | 53176 | 49867 | 93.78 | 301367 | 276495 | 91.75 |
| 湖 北 | 482744 | 436708 | 90.46 | 97159 | 92110 | 94.80 | 311329 | 286492 | 92.02 |
| 湖 南 | 312949 | 236813 | 75.67 | 71769 | 41140 | 57.32 | 241179 | 195672 | 81.13 |
| 广 东 | 367925 | 335822 | 91.27 | 242306 | 226858 | 93.62 | 88679 | 79005 | 89.09 |
| 广 西 | 337702 | 129216 | 38.26 | 71397 | 46913 | 65.71 | 237704 | 68497 | 28.82 |
| 海 南 | 25426 | 7368 | 28.98 | — | — | — | 8044 | 4897 | 60.88 |
| 重 庆 | 301231 | 301229 | 100 | 83018 | 83017 | 100 | 204717 | 204717 | 100 |
| 四 川 | 586733 | 440247 | 75.03 | 103620 | 73857 | 71.28 | 452771 | 339406 | 74.96 |
| 贵 州 | 183294 | 173023 | 94.40 | 19007 | 16320 | 85.86 | 157336 | 150515 | 95.66 |
| 云 南 | 357654 | 355024 | 99.26 | 56982 | 56505 | 99.16 | 275839 | 273786 | 99.26 |
| 西 藏 | 129254 | 21441 | 16.59 | 23987 | 3945 | 16.45 | 51427 | 8876 | 17.26 |
| 陕 西 | 352291 | 315577 | 89.58 | 74466 | 66787 | 89.69 | 202083 | 176536 | 87.36 |
| 甘 肃 | 367697 | 278159 | 75.65 | 63011 | 50210 | 79.68 | 162617 | 114893 | 70.65 |
| 青 海 | 239702 | 189013 | 78.85 | 29294 | 22861 | 78.04 | 104760 | 81253 | 77.56 |
| 宁 夏 | 248991 | 118423 | 47.56 | 1168 | 759 | 64.98 | 75559 | 38335 | 50.74 |
| 新 疆 | 1467762 | 1411472 | 96.16 | 105005 | 98212 | 93.53 | 781054 | 761610 | 97.51 |
| 大兴安岭 | 140525 | 29992 | 21.34 | 30078 | 405 | 1.35 | 21347 | 6680 | 31.29 |

# 各地区林业有害生物发生防治情况(二)

| 地 区 | 林业鼠(兔)害 | | | 林业有害植物 | | |
|---|---|---|---|---|---|---|
| | 发生面积（公顷） | 防治面积（公顷） | 防治率（%） | 发生面积（公顷） | 防治面积（公顷） | 防治率（%） |
| **全 国** | **1717991** | **1355588** | **78.91** | **177633** | **119676** | **67.37** |
| 北 京 | — | — | — | — | — | — |
| 天 津 | — | — | — | — | — | — |
| 河 北 | 22209 | 19022 | 85.65 | — | — | — |
| 山 西 | 53956 | 47433 | 87.91 | 1267 | 133 | 10.50 |
| 内蒙古 | 166435 | 113006 | 67.90 | — | — | — |
| 辽 宁 | 8986 | 8350 | 92.92 | — | — | — |
| 吉 林 | 44344 | 43744 | 98.65 | — | — | — |
| 黑龙江 | 143890 | 133749 | 92.95 | — | — | — |
| 上 海 | — | — | — | — | — | — |
| 江 苏 | — | — | — | 1351 | 1351 | 100 |
| 浙 江 | — | — | — | — | — | — |
| 安 徽 | — | — | — | — | — | — |
| 福 建 | — | — | — | — | — | — |
| 江 西 | — | — | — | 18 | 18 | 100 |
| 山 东 | — | — | — | — | — | — |
| 河 南 | — | — | — | — | — | — |
| 湖 北 | 5433 | 5174 | 95.23 | 68823 | 52932 | 76.91 |
| 湖 南 | — | — | — | 1 | 1 | 100 |
| 广 东 | — | — | — | 36940 | 29959 | 81.10 |
| 广 西 | 349 | 349 | 100.00 | 28252 | 13457 | 47.63 |
| 海 南 | — | — | — | 17382 | 2471 | 14.22 |
| 重 庆 | 11409 | 11409 | 100.00 | 2087 | 2086 | 99.95 |
| 四 川 | 30237 | 26879 | 88.89 | 105 | 105 | 100 |
| 贵 州 | 3208 | 2674 | 83.35 | 3743 | 3514 | 93.88 |
| 云 南 | 12239 | 12214 | 99.80 | 12594 | 12519 | 99.40 |
| 西 藏 | 53600 | 8446 | 15.76 | 240 | 174 | 72.50 |
| 陕 西 | 75702 | 72214 | 95.39 | 40 | 40 | 100 |
| 甘 肃 | 142069 | 113056 | 79.58 | — | — | — |
| 青 海 | 101104 | 84092 | 83.17 | 4544 | 807 | 17.76 |
| 宁 夏 | 172018 | 79220 | 46.05 | 246 | 109 | 44.31 |
| 新 疆 | 581703 | 551650 | 94.83 | — | — | — |
| 大兴安岭 | 89100 | 22907 | 25.71 | — | — | — |

# 全国草原主要灾害情况

| 指标名称 | 单　位 | 本年实际 |
| --- | --- | --- |
| **草原有害生物** | | |
| 1. 发生面积 | 千公顷 | 39556 |
| 2. 防治面积 | 千公顷 | 9055 |
| 3. 防治率 | % | 22.89 |
| **一、草原鼠害** | | |
| 1. 发生面积 | 千公顷 | 28472 |
| 2. 防治面积 | 千公顷 | 5375 |
| 3. 防治率 | % | 18.88 |
| **二、草原虫害** | | |
| 1. 发生面积 | 千公顷 | 6519 |
| 2. 防治面积 | 千公顷 | 3430 |
| 3. 防治率 | % | 52.62 |
| **三、草原有害植物** | | |
| 1. 发生面积 | 千公顷 | 4565 |
| 2. 防治面积 | 千公顷 | 249 |
| 3. 防治率 | % | 5.46 |

# 各地区草原有害生

| 地 区 | 草原有害生物 | | | 草原鼠害 | | |
|---|---|---|---|---|---|---|
| | 发生面积（公顷） | 防治面积（公顷） | 防治率（%） | 发生面积（公顷） | 防治面积（公顷） | 防治率（%） |
| **全 国** | **39556188** | **9055019** | **22.89** | **28471514** | **5375180** | **18.88** |
| 北 京 | — | — | — | — | — | — |
| 天 津 | — | — | — | — | — | — |
| 河 北 | 290686 | 281467 | 96.83 | 115873 | 114080 | 98.45 |
| 山 西 | 577586 | 235467 | 40.77 | 253453 | 70000 | 27.62 |
| 内蒙古 | 5882521 | 3446024 | 58.58 | 3188107 | 1987360 | 62.34 |
| 辽 宁 | 135067 | 72853 | 53.94 | 51867 | 23000 | 44.34 |
| 吉 林 | 59333 | 55000 | 92.70 | 27333 | 23667 | 86.59 |
| 黑龙江 | 47800 | 46667 | 97.63 | 2200 | 2000 | 90.91 |
| 上 海 | — | — | — | — | — | — |
| 江 苏 | — | — | — | — | — | — |
| 浙 江 | — | — | — | — | — | — |
| 安 徽 | — | — | — | — | — | — |
| 福 建 | — | — | — | — | — | — |
| 江 西 | — | — | — | — | — | — |
| 山 东 | — | — | — | — | — | — |
| 河 南 | — | — | — | — | — | — |
| 湖 北 | — | — | — | — | — | — |
| 湖 南 | — | — | — | — | — | — |
| 广 东 | — | — | — | — | — | — |
| 广 西 | — | — | — | — | — | — |
| 海 南 | — | — | — | — | — | — |
| 重 庆 | — | — | — | — | — | — |
| 四 川 | 3072887 | 486107 | 15.82 | 1547953 | 355333 | 22.96 |
| 贵 州 | — | — | — | — | — | — |
| 云 南 | 78733 | 76733 | 97.46 | 26001 | 24001 | 92.31 |
| 西 藏 | 18580132 | 685432 | 3.69 | 16052147 | 342167 | 2.13 |
| 陕 西 | 126310 | 115803 | 91.68 | 81354 | 75967 | 93.38 |
| 甘 肃 | 3468999 | 740360 | 21.34 | 2413333 | 513333 | 21.27 |
| 青 海 | 4956120 | 1961901 | 39.59 | 4064787 | 1640667 | 40.36 |
| 宁 夏 | 190880 | 71373 | 37.39 | 100267 | 37220 | 37.12 |
| 新 疆 | 2089134 | 779832 | 37.33 | 546839 | 166385 | 30.43 |

# 物发生防治情况

| 草原虫害 | | | 草原有害植物 | | |
| --- | --- | --- | --- | --- | --- |
| 发生面积（公顷） | 防治面积（公顷） | 防治率（%） | 发生面积（公顷） | 防治面积（公顷） | 防治率（%） |
| **6519218** | **3430340** | **52.62** | **4565456** | **249499** | **5.46** |
| — | — | — | — | — | — |
| — | — | — | — | — | — |
| 174813 | 167387 | 95.75 | — | — | — |
| 302133 | 160000 | 52.96 | 22000 | 5467 | 24.85 |
| 2299887 | 1444647 | 62.81 | 394527 | 14017 | 3.55 |
| 74033 | 46900 | 63.35 | 9167 | 2953 | 32.21 |
| 30667 | 30000 | 97.83 | 1333 | 1333 | 100 |
| 45600 | 44667 | 97.95 | — | — | — |
| — | — | — | — | — | — |
| — | — | — | — | — | — |
| — | — | — | — | — | — |
| — | — | — | — | — | — |
| — | — | — | — | — | — |
| — | — | — | — | — | — |
| — | — | — | — | — | — |
| — | — | — | — | — | — |
| — | — | — | — | — | — |
| — | — | — | — | — | — |
| — | — | — | — | — | — |
| — | — | — | — | — | — |
| — | — | — | — | — | — |
| — | — | — | — | — | — |
| 564227 | 130667 | 23.16 | 960707 | 107 | 0.01 |
| — | — | — | — | — | — |
| 35222 | 35222 | 100.00 | 17510 | 17510 | 100.00 |
| 572027 | 205867 | 35.99 | 1955958 | 137398 | 7.02 |
| 41809 | 37143 | 88.84 | 3147 | 2693 | 85.57 |
| 655333 | 220000 | 33.57 | 400333 | 7027 | 1.76 |
| 434000 | 284567 | 65.57 | 457333 | 36667 | 8.02 |
| 85280 | 34153 | 40.05 | 5333 | — | — |
| 1204187 | 589120 | 48.92 | 338108 | 24327 | 7.20 |

# 附录四

# 历年主要统计指标

## ANNEX Ⅳ

# 全国历年造林和森林抚育面积(一)

单位:万公顷

| 年　份 | 人工造林 | 飞播造林 | 封山育林 | 人工更新 | 退化林修复 | 森林抚育 |
|---|---|---|---|---|---|---|
| 1949—1952 | 170.73 | — | — | 2.25 | — | — |
| 1953 | 111.29 | — | — | 1.65 | — | — |
| 1954 | 116.62 | — | — | 3.88 | — | — |
| 1955 | 171.05 | — | — | 3.92 | — | — |
| 1956 | 572.33 | — | — | 9.41 | — | — |
| 1957 | 435.51 | — | — | 5.58 | — | — |
| 1958 | 609.87 | — | — | 39.11 | — | — |
| 1959 | 544.27 | 0.70 | — | 56.03 | — | — |
| 1960 | 413.69 | 0.70 | — | 48.37 | — | — |
| 1961 | 143.23 | 0.90 | — | 15.71 | — | — |
| 1962 | 118.87 | 1.00 | — | 10.63 | — | — |
| 1963 | 151.60 | 1.41 | — | 18.30 | — | — |
| 1964 | 289.32 | 1.81 | — | 20.65 | — | — |
| 1965 | 340.32 | 2.21 | — | 23.89 | — | — |
| 1966 | 435.18 | 18.15 | — | 32.10 | — | — |
| 1967 | 354.10 | 36.30 | — | 30.30 | — | — |
| 1968 | 285.88 | 55.45 | — | 24.00 | — | — |
| 1969 | 275.33 | 72.60 | — | 23.30 | — | — |
| 1970 | 297.65 | 90.75 | — | 32.50 | — | — |
| 1971 | 340.44 | 112.07 | — | 30.75 | — | — |
| 1972 | 347.33 | 116.24 | — | 31.90 | — | — |
| 1973 | 392.55 | 105.74 | — | 35.67 | — | — |
| 1974 | 411.47 | 88.77 | — | 36.20 | — | — |
| 1975 | 443.77 | 53.61 | — | 42.20 | — | — |
| 1976 | 432.31 | 60.27 | — | 42.08 | — | — |
| 1977 | 421.85 | 57.47 | — | 41.64 | — | — |
| 1978 | 412.57 | 37.06 | — | 45.84 | — | — |
| 1979 | 391.03 | 57.90 | — | 40.93 | — | — |
| 1980 | 394.00 | 61.20 | — | 42.19 | — | — |
| 1981 | 368.10 | 42.91 | — | 44.26 | — | — |
| 1982 | 411.58 | 37.98 | — | 43.88 | — | — |
| 1983 | 560.31 | 72.13 | — | 50.88 | — | — |
| 1984 | 729.07 | 96.29 | — | 55.20 | — | — |
| 1985 | 694.88 | 138.80 | — | 63.83 | — | — |
| 1986 | 415.82 | 111.58 | — | 57.74 | — | — |
| 1987 | 420.73 | 120.69 | — | 70.35 | — | — |
| 1988 | 457.48 | 95.85 | — | 63.69 | — | — |
| 1989 | 410.95 | 91.38 | — | 71.91 | — | — |
| 1990 | 435.33 | 85.51 | — | 67.15 | — | — |
| 1991 | 475.18 | 84.27 | — | 66.41 | — | 262.27 |

# 全国历年造林和森林抚育面积(二)

单位:万公顷

| 年 份 | 人工造林 | 飞播造林 | 封山育林 | 人工更新 | 退化林修复 | 森林抚育 |
|---|---|---|---|---|---|---|
| 1992 | 508.37 | 94.67 | — | 67.36 | — | 262.68 |
| 1993 | 504.44 | 85.90 | — | 73.92 | — | 297.59 |
| 1994 | 519.02 | 80.24 | — | 72.27 | — | 328.75 |
| 1995 | 462.94 | 58.53 | — | 75.10 | — | 366.60 |
| 1996 | 431.50 | 60.44 | — | 79.48 | — | 418.76 |
| 1997 | 373.78 | 61.72 | — | 79.84 | — | 432.04 |
| 1998 | 408.60 | 72.51 | — | 80.63 | — | 441.30 |
| 1999 | 427.69 | 62.39 | — | 104.28 | — | 612.01 |
| 2000 | 434.50 | 76.01 | — | 91.98 | — | 501.30 |
| 2001 | 397.73 | 97.57 | — | 51.53 | — | 457.44 |
| 2002 | 689.60 | 87.49 | — | 37.90 | — | 481.68 |
| 2003 | 843.25 | 68.64 | — | 28.60 | — | 457.77 |
| 2004 | 501.89 | 57.92 | — | 31.93 | — | 527.15 |
| 2005 | 322.13 | 41.64 | — | 40.75 | — | 501.06 |
| 2006 | 244.61 | 27.18 | 112.09 | 40.82 | — | 550.96 |
| 2007 | 273.85 | 11.87 | 105.05 | 39.09 | — | 649.76 |
| 2008 | 368.43 | 15.41 | 151.54 | 42.40 | — | 623.53 |
| 2009 | 415.63 | 22.63 | 187.97 | 34.43 | — | 636.26 |
| 2010 | 387.28 | 19.59 | 184.12 | 30.67 | — | 666.17 |
| 2011 | 406.57 | 19.69 | 173.40 | 32.66 | — | 733.45 |
| 2012 | 382.07 | 13.64 | 163.87 | 30.51 | — | 766.17 |
| 2013 | 420.97 | 15.44 | 173.60 | 30.31 | — | 784.72 |
| 2014 | 405.29 | 10.81 | 138.86 | 29.25 | — | 901.96 |
| 2015 | 436.18 | 12.84 | 215.29 | 29.96 | 73.93 | 781.26 |
| 2016 | 382.37 | 16.23 | 195.36 | 27.28 | 99.11 | 850.04 |
| 2017 | 429.59 | 14.12 | 165.72 | 30.54 | 128.10 | 885.64 |
| 2018 | 367.80 | 13.54 | 178.51 | 37.19 | 132.92 | 867.60 |
| 2019 | 345.83 | 12.56 | 189.83 | 37.02 | 153.79 | 847.76 |
| 2020 | 300.01 | 15.15 | 177.46 | 38.79 | 161.96 | 911.58 |
| 2021 | 108.51 | 17.22 | 123.51 | 25.06 | 101.13 | 642.21 |
| 2022 | 93.09 | 16.61 | 105.73 | 46.56 | 158.29 | 573.75 |
| 2023 | 101.44 | 6.70 | 113.31 | 62.59 | 179.57 | 647.11 |
| 1949—1990 | 14728.44 | 1925.44 | — | 1379.90 | — | — |
| 1991—1995 | 2469.95 | 403.61 | — | 355.06 | — | 1517.89 |
| 1996—2000 | 2076.06 | 333.06 | — | 436.21 | — | 2405.41 |
| 2001—2005 | 2754.60 | 353.26 | — | 190.71 | — | 2425.10 |
| 2006—2010 | 1689.80 | 96.68 | 740.77 | 187.41 | — | 3126.69 |
| 2011—2015 | 2051.08 | 72.42 | 865.02 | 152.68 | 73.93 | 3967.56 |
| 2016—2020 | 1825.59 | 71.60 | 906.88 | 170.82 | 675.88 | 4362.62 |
| 1949—2023 | 27898.55 | 3296.61 | 2855.22 | 3007.00 | 1188.81 | 19668.34 |

说明:①1985 年以前,造林成活率达到 40%即统计造林面积,以后为达到 85%以上统计。

②本表自 2015 年新封山育林面积包含有林地和灌木林地封育,飞播造林面积包含飞播营林。

③森林抚育面积特指中、幼龄林抚育。

# 全国历年木材、竹材及木材加工、林产化学主要产品产量

| 时　期 | 木材(万立方米) | 竹材(万根) | 锯材(万立方米) | 人造板(万立方米) | | | | 木竹地板(万平方米) | 松香(吨) |
|---|---|---|---|---|---|---|---|---|---|
| | | | | 总计 | 其中 | | | | |
| | | | | | 胶合板 | 纤维板 | 刨花板 | | |
| **1949—1977 年** | **90947.00** | **210405** | **26285.10** | **500.06** | **324.28** | **143.10** | **32.68** | **—** | **3884994** |
| 1978 年 | 5162.30 | 11181 | 1105.50 | 62.45 | 25.22 | 32.88 | 4.36 | — | 282027 |
| 1979 年 | 5438.93 | 10507 | 1271.40 | 77.46 | 29.24 | 42.93 | 5.29 | — | 297034 |
| 1980 年 | 5359.31 | 9621 | 1368.70 | 91.43 | 32.99 | 50.62 | 7.82 | — | 327283 |
| 1981 年 | 4942.31 | 8656 | 1301.06 | 99.61 | 35.11 | 56.83 | 7.67 | — | 406214 |
| 1982 年 | 5041.25 | 10183 | 1360.85 | 116.67 | 39.41 | 66.99 | 10.27 | — | 400784 |
| 1983 年 | 5232.32 | 9601 | 1394.48 | 138.95 | 45.48 | 73.45 | 12.74 | — | 246916 |
| 1984 年 | 6384.81 | 9117 | 1508.59 | 151.38 | 48.97 | 73.59 | 16.48 | — | 307993 |
| 1985 年 | 6323.44 | 5641 | 1590.76 | 165.93 | 53.87 | 89.50 | 18.21 | — | 255736 |
| **“六五”时期** | **27924.13** | **43198** | **7155.74** | **672.54** | **222.84** | **360.36** | **65.37** | **—** | **1617643** |
| 1986 年 | 6502.42 | 7716 | 1505.20 | 189.44 | 61.08 | 102.70 | 21.03 | — | 293500 |
| 1987 年 | 6407.86 | 11855 | 1471.91 | 247.66 | 77.63 | 120.65 | 37.78 | — | 395692 |
| 1988 年 | 6217.60 | 26211 | 1468.40 | 289.88 | 82.69 | 148.41 | 48.31 | — | 376482 |
| 1989 年 | 5801.80 | 15238 | 1393.30 | 270.56 | 72.78 | 144.27 | 44.20 | — | 409463 |
| 1990 年 | 5571.00 | 18714 | 1284.90 | 244.60 | 75.87 | 117.24 | 42.80 | — | 344003 |
| **“七五”时期** | **30500.68** | **79734** | **7123.71** | **1242.14** | **370.05** | **633.27** | **194.12** | **—** | **1819140** |
| 1991 年 | 5807.30 | 29173 | 1141.50 | 296.01 | 105.40 | 117.43 | 61.38 | — | 343300 |
| 1992 年 | 6173.60 | 40430 | 1118.70 | 428.90 | 156.47 | 144.45 | 115.85 | — | 419503 |
| 1993 年 | 6392.20 | 43356 | 1401.30 | 579.79 | 212.45 | 180.97 | 157.13 | — | 503681 |
| 1994 年 | 6615.10 | 50430 | 1294.30 | 664.72 | 260.62 | 193.03 | 168.20 | — | 437269 |
| 1995 年 | 6766.90 | 44792 | 4183.80 | 1684.60 | 759.26 | 216.40 | 435.10 | — | 481264 |
| **“八五”时期** | **31755.10** | **208181** | **9139.60** | **3654.02** | **1494.20** | **852.28** | **937.66** | **—** | **2185017** |
| 1996 年 | 6710.27 | 42175 | 2442.40 | 1203.26 | 490.32 | 205.50 | 338.28 | 2293.70 | 501221 |
| 1997 年 | 6394.79 | 44921 | 2012.40 | 1648.48 | 758.45 | 275.92 | 360.44 | 1894.39 | 675758 |
| 1998 年 | 5966.20 | 69253 | 1787.60 | 1056.33 | 446.52 | 219.51 | 266.30 | 2643.17 | 416016 |
| 1999 年 | 5236.80 | 53921 | 1585.94 | 1503.05 | 727.64 | 390.59 | 240.96 | 3204.58 | 434528 |
| 2000 年 | 4723.97 | 56183 | 634.44 | 2001.66 | 992.54 | 514.43 | 286.77 | 3319.25 | 386760 |
| **“九五”时期** | **29032.03** | **266453** | **8462.78** | **7412.78** | **3415.47** | **1605.95** | **1492.75** | **13355.09** | **2414283** |
| 2001 年 | 4552.03 | 58146 | 763.83 | 2111.27 | 904.51 | 570.11 | 344.53 | 4849.06 | 377793 |
| 2002 年 | 4436.07 | 66811 | 851.61 | 2930.18 | 1135.21 | 767.42 | 369.31 | 4976.99 | 395273 |
| 2003 年 | 4758.87 | 96867 | 1126.87 | 4553.36 | 2102.35 | 1128.33 | 547.41 | 8642.46 | 443306 |
| 2004 年 | 5197.33 | 109846 | 1532.54 | 5446.49 | 2098.62 | 1560.46 | 642.92 | 12300.47 | 485863 |
| 2005 年 | 5560.31 | 115174 | 1790.29 | 6392.89 | 2514.97 | 2060.56 | 576.08 | 17322.79 | 606594 |
| **“十五”时期** | **24504.61** | **446844** | **6065.13** | **21434.19** | **8755.66** | **6086.88** | **2480.25** | **48091.77** | **2308829** |
| 2006 年 | 6611.78 | 131176 | 2486.46 | 7428.56 | 2728.78 | 2466.60 | 843.26 | 23398.99 | 915364 |
| 2007 年 | 6976.65 | 139761 | 2829.10 | 8838.58 | 3561.56 | 2729.85 | 829.07 | 34343.25 | 1183556 |
| 2008 年 | 8108.34 | 126220 | 2840.95 | 9409.95 | 3540.86 | 2906.56 | 1142.23 | 37689.43 | 1067293 |
| 2009 年 | 7068.29 | 135650 | 3229.77 | 11546.65 | 4451.24 | 3488.56 | 1431.00 | 37753.20 | 1117030 |
| 2010 年 | 8089.62 | 143008 | 3722.63 | 15360.83 | 7139.66 | 4354.54 | 1264.20 | 47917.15 | 1332798 |
| **“十一五”时期** | **36854.68** | **675814** | **15108.92** | **52584.57** | **21422.11** | **15946.12** | **5509.76** | **181102.03** | **5616041** |
| 2011 年 | 8145.92 | 153929 | 4460.25 | 20919.29 | 9869.63 | 5562.12 | 2559.39 | 62908.25 | 1413041 |
| 2012 年 | 8174.87 | 164412 | 5568.19 | 22335.79 | 10981.17 | 5800.35 | 2349.55 | 60430.54 | 1409995 |
| 2013 年 | 8438.50 | 187685 | 6297.60 | 25559.91 | 13725.19 | 6402.10 | 1884.95 | 68925.68 | 1642308 |
| 2014 年 | 8233.30 | 222440 | 6836.98 | 27371.79 | 14970.03 | 6462.63 | 2087.53 | 76022.40 | 1700727 |
| 2015 年 | 7218.21 | 235466 | 7430.38 | 28679.52 | 16546.25 | 6618.53 | 2030.19 | 77355.85 | 1742521 |
| **“十二五”时期** | **40210.79** | **963932** | **30593.39** | **124866.30** | **66092.26** | **30845.74** | **10911.62** | **345642.72** | **7908592** |
| 2016 年 | 7775.87 | 250630 | 7716.14 | 30042.22 | 17755.62 | 6651.22 | 2650.10 | 83798.66 | 1838691 |
| 2017 年 | 8398.17 | 272013 | 8602.37 | 29485.87 | 17195.21 | 6297.00 | 2777.77 | 82568.31 | 1664982 |
| 2018 年 | 8810.86 | 315517 | 8361.83 | 29909.29 | 17898.33 | 6168.05 | 2731.53 | 78897.76 | 1421382 |
| 2019 年 | 10045.85 | 314480 | 6745.45 | 30859.19 | 18005.73 | 6199.61 | 2979.73 | 81805.01 | 1438582 |
| 2020 年 | 10257.01 | 324265 | 7592.57 | 32544.65 | 19796.50 | 6226.33 | 3001.65 | 77256.62 | 1033344 |
| **“十三五”时期** | **45287.77** | **1476905.32** | **39018.35** | **152841.23** | **90651.39** | **31542.21** | **14140.77** | **404326.36** | **7396981.00** |
| 2021 年 | 11589.37 | 325568 | 7951.65 | 33673.00 | 19296.14 | 6416.91 | 3963.07 | 82347.27 | 1030087 |
| 2022 年 | 12192.63 | 421840 | 5699.02 | 30109.92 | 17628.62 | 4363.59 | 2657.82 | 65058.23 | 672106 |
| 2023 年 | 12700.94 | 341798 | 6072.45 | 36612.32 | 20005.13 | 5022.56 | 3272.23 | 77912.08 | 870861 |
| **总　计** | **409460.29** | **5491981** | **172421.44** | **465834.42** | **249765.59** | **103945.40** | **45675.56** | **1217835.54** | **38630918** |

说明：自 2006 年起松香产量包括深加工产品，2022 年起纤维板统计口径修改为木质纤维板、刨花板统计口径修改为木质刨花板。

# 全国历年林业投资完成情况

单位：万元

| 年 份 | 林业投资完成额 | 其中：国家投资 |
|---|---|---|
| **1950—1977 年** | **1453357** | **1105740** |
| 1978 年 | 108360 | 65604 |
| 1979 年 | 141326 | 91364 |
| 1980 年 | 144954 | 68481 |
| 1981 年 | 140752 | 64928 |
| 1982 年 | 168725 | 70986 |
| 1983 年 | 164399 | 77364 |
| 1984 年 | 180111 | 85604 |
| 1985 年 | 183303 | 81277 |
| **“六五”时期** | **837291** | **380159** |
| 1986 年 | 231994 | 83613 |
| 1987 年 | 247834 | 97348 |
| 1988 年 | 261413 | 91504 |
| 1989 年 | 237553 | 90604 |
| 1990 年 | 246131 | 107246 |
| **“七五”时期** | **1224925** | **470315** |
| 1991 年 | 272236 | 134816 |
| 1992 年 | 329800 | 138679 |
| 1993 年 | 409238 | 142025 |
| 1994 年 | 476997 | 141198 |
| 1995 年 | 563972 | 198678 |
| **“八五”时期** | **2052243** | **755396** |
| 1996 年 | 638626 | 200898 |
| 1997 年 | 741802 | 198908 |
| 1998 年 | 874648 | 374386 |
| 1999 年 | 1084077 | 594921 |
| 2000 年 | 1677712 | 1130715 |
| **“九五”时期** | **5016865** | **2499828** |
| 2001 年 | 2095636 | 1551602 |
| 2002 年 | 3152374 | 2538071 |
| 2003 年 | 4072782 | 3137514 |
| 2004 年 | 4118669 | 3226063 |
| 2005 年 | 4593443 | 3528122 |
| **“十五”时期** | **18032904** | **13981372** |
| 2006 年 | 4957918 | 3715114 |
| 2007 年 | 6457517 | 4486119 |
| 2008 年 | 9872422 | 5083432 |
| 2009 年 | 13513349 | 7104764 |
| 2010 年 | 15533217 | 7452396 |
| **“十一五”时期** | **50334423** | **27841825** |
| 2011 年 | 26326068 | 11065990 |
| 2012 年 | 33420880 | 12454012 |
| 2013 年 | 37822690 | 13942080 |
| 2014 年 | 43255140 | 16314880 |
| 2015 年 | 42901420 | 16298683 |
| **“十二五”时期** | **183726198** | **70075645** |
| 2016 年 | 45095738 | 21517308 |
| 2017 年 | 48002639 | 22592278 |
| 2018 年 | 48171343 | 24324902 |
| 2019 年 | 45255868 | 26523167 |
| 2020 年 | 47168172 | 28795976 |
| **“十三五”时期** | **233693760** | **123753631** |
| 2021 年 | 41699834 | 23438010 |
| 2022 年 | 36616472 | 23171054 |
| 2023 年 | 36419028 | 24079165 |
| **总 计** | **611501940** | **311777589** |

说明：从 2019 年起包含草原投资完成额。

# 附录五

# 主要林草产品进出口

ANNEX Ⅴ

# 2014—2023 年主要林草

| 产品 | | | 2014 年 | 2015 年 | 2016 年 | 2017 年 |
|---|---|---|---|---|---|---|
| 林产品总计 | | 出口 | 71412007 | 74262543 | 72676670 | 73405906 |
| | | 进口 | 67605223 | 63603710 | 62425744 | 74983984 |
| 原木 | 针叶原木 | 出口 | 289 | — | — | — |
| | | 进口 | 5440581 | 3657984 | 4111591 | 5138718 |
| | 阔叶原木 | 出口 | 7773 | 4140 | 29793 | 30155 |
| | | 进口 | 6341506 | 4402247 | 3973686 | 4781965 |
| | 合计 | 出口 | 8062 | 4140 | 29793 | 30155 |
| | | 进口 | 11782087 | 8060231 | 8085277 | 9920683 |
| 锯材 | | 出口 | 298200 | 206795 | 194220 | 204445 |
| | | 进口 | 8088849 | 7506603 | 8137933 | 10067066 |
| 单板 | | 出口 | 276757 | 283714 | 280009 | 382999 |
| | | 进口 | 183822 | 162113 | 157597 | 156892 |
| 特形材 | | 出口 | 355706 | 293881 | 234461 | 213652 |
| | | 进口 | 35357 | 41178 | 51055 | 36828 |
| 刨花板 | | 出口 | 136337 | 114107 | 120502 | 97400 |
| | | 进口 | 141666 | 141018 | 184022 | 241020 |
| 纤维板 | | 出口 | 1630949 | 1425474 | 1228476 | 1146604 |
| | | 进口 | 110055 | 108396 | 125490 | 135017 |
| 胶合板 | | 出口 | 5813258 | 5487696 | 5275773 | 5097387 |
| | | 进口 | 131966 | 121126 | 138484 | 150851 |
| 木制品 | | 出口 | 5932432 | 6457198 | 6308242 | 6289577 |
| | | 进口 | 715093 | 763723 | 771224 | 740539 |
| 家具 | | 出口 | 22091885 | 22854641 | 22209363 | 22692178 |
| | | 进口 | 888821 | 884025 | 961700 | 1183797 |
| 木片 | | 出口 | 21 | 102 | 823 | — |
| | | 进口 | 1545100 | 1693669 | 1912019 | 1897517 |
| 木浆 | | 出口 | 12433 | 16818 | 17267 | 16600 |
| | | 进口 | 12004565 | 12701792 | 12196424 | 15266065 |
| 废纸浆 | | 出口 | — | — | — | — |
| | | 进口 | — | — | — | — |
| 废纸 | | 出口 | 265 | 280 | 495 | 385 |
| | | 进口 | 5347795 | 5283161 | 4988961 | 5874652 |
| 纸和纸制品 | | 出口 | 15859260 | 17097590 | 16403632 | 16733385 |
| | | 进口 | 4308915 | 4046869 | 3945233 | 4981667 |
| 木炭 | | 出口 | 89129 | 108964 | 101677 | 104079 |
| | | 进口 | 62022 | 50057 | 46031 | 50264 |
| 松香 | | 出口 | 296592 | 194439 | 104297 | — |
| | | 进口 | 25367 | 40434 | 64510 | — |
| 水果 | 柑橘属 | 出口 | 1170064 | 1258434 | 1303841 | 1071605 |
| | | 进口 | 229953 | 267179 | 354846 | 552051 |
| | 鲜苹果 | 出口 | 1027619 | 1031232 | 1452932 | 1456372 |
| | | 进口 | 46278 | 146957 | 123220 | 115215 |
| | 鲜梨 | 出口 | 350656 | 442537 | 487011 | — |
| | | 进口 | 10148 | 12935 | 13300 | — |
| | 鲜葡萄 | 出口 | 358756 | 761873 | 663604 | 735140 |
| | | 进口 | 602607 | 586628 | 629772 | 590728 |
| | 鲜猕猴桃 | 出口 | 4646 | 4463 | — | 7061 |
| | | 进口 | 195481 | 266718 | 145952 | 350104 |
| | 山竹果 | 出口 | — | — | 12932 | 28 |
| | | 进口 | 158470 | 238200 | 343079 | 147070 |

# 产品进出口金额(一)

单位:千美元

| 2018 年 | 2019 年 | 2020 年 | 2021 年 | 2022 年 | 2023 年 |
|---|---|---|---|---|---|
| 78491352 | 75395411 | 76469739 | 92155566 | 99242782 | 90715381 |
| 81872984 | 74960493 | 74246066 | 92879432 | 92632136 | 90243253 |
| — | — | — | — | — | — |
| 5785597 | 5642349 | 5463484 | 7881548 | 4986747 | 3764347 |
| 23605 | 15330 | 6488 | 3706 | 20202 | 2285 |
| 5199242 | 3791450 | 2937144 | 3713560 | 3545662 | 2618804 |
| 23605 | 15330 | 6488 | 3706 | 20202 | 2285 |
| 10984839 | 9433798 | 8400629 | 11595109 | 8532409 | 6383151 |
| 180496 | 165135 | 149687 | 189154 | 167737 | 119900 |
| 10132562 | 8592147 | 7646377 | 7856026 | 7528517 | 6840226 |
| 481998 | 524959 | 537206 | 800977 | 671101 | 623321 |
| 192217 | 228444 | 249542 | 380088 | 407431 | 345905 |
| 189707 | 143183 | 127286 | 143249 | 133431 | 97843 |
| 45769 | 84477 | 158673 | 258085 | 205151 | 108673 |
| 106627 | 94389 | 162550 | 426751 | 388998 | 270858 |
| 242553 | 234329 | 257698 | 323096 | 410021 | 335595 |
| 1118496 | 941612 | 829184 | 1201989 | 1209516 | 1191327 |
| 141499 | 131212 | 107742 | 132355 | 97580 | 48893 |
| 5425910 | 4393734 | 4152138 | 5819222 | 5551099 | 4747642 |
| 155669 | 125580 | 129439 | 152325 | 188061 | 206027 |
| 6086516 | 6001919 | 6321856 | 8472553 | 8488601 | 7769138 |
| 666670 | 650685 | 898466 | 683928 | 603504 | 762346 |
| 22933444 | 19919617 | 20006378 | 25600027 | 25597128 | 22247570 |
| 1256034 | 1064381 | 911527 | 995204 | 880722 | 718607 |
| 478 | 198 | 1120 | 623 | 1148 | 921 |
| 2263472 | 2400167 | 2264548 | 2763888 | 4026229 | 2944005 |
| 20375 | 28759 | 24767 | 69874 | 218648 | 123291 |
| 19513308 | 16765090 | 15092258 | 18961563 | 21067098 | 22438851 |
| — | 315 | 264 | 588 | 428 | 441 |
| — | 294978 | 505728 | 1035302 | 1227466 | 1239975 |
| 203 | 241 | 513 | 508 | 147 | 420 |
| 4294716 | 1943079 | 1207981 | 132375 | 136268 | 118766 |
| 17599912 | 20549348 | 20880808 | 24165252 | 31309612 | 28772220 |
| 6203231 | 5272058 | 7333464 | 8828426 | 6978205 | 6927235 |
| 80387 | 82425 | 90680 | 110567 | 79204 | 59636 |
| 87121 | 97657 | 69562 | 87064 | 136376 | 209283 |
| 81774 | 49258 | 33008 | 51378 | 48004 | 26496 |
| 84263 | 78339 | 96215 | 144968 | 112644 | 134382 |
| 1261167 | 1270393 | 1577682 | 1336180 | 1035451 | 1249218 |
| 633489 | 594780 | 495488 | 532036 | 456373 | 445543 |
| 1298926 | 1246333 | 1449615 | 1429757 | 1040165 | 970386 |
| 117385 | 219040 | 138539 | 150977 | 215749 | 180991 |
| 530066 | 573050 | 667737 | 605429 | 495274 | 536176 |
| 12671 | 21186 | 17883 | 17361 | 26697 | 33535 |
| 689676 | 987195 | 1212695 | 757081 | 726727 | 813594 |
| 586352 | 643520 | 642852 | 535397 | 530075 | 484497 |
| 9781 | 13306 | 19816 | 19181 | 16264 | 23184 |
| 411291 | 454609 | 450426 | 550482 | 492175 | 492471 |
| 30 | 92 | 135 | 125 | 66 | 531 |
| 349401 | 794911 | 677684 | 769446 | 628790 | 730100 |

# 2014—2023 年主要林草

| 产品 | | | 2014 年 | 2015 年 | 2016 年 | 2017 年 |
|---|---|---|---|---|---|---|
| 水果 | 鲜榴莲 | 出口 | — | — | — | 3 |
| | | 进口 | 592625 | 567943 | 693302 | 552171 |
| | 鲜龙眼 | 出口 | 3105 | 10187 | 8763 | 9936 |
| | | 进口 | 328267 | 341923 | 270213 | 437722 |
| | 鲜火龙果 | 出口 | 329 | 345 | 538 | 1781 |
| | | 进口 | 529932 | 662882 | 381121 | 389512 |
| | 樱桃 | 出口 | — | — | — | — |
| | | 进口 | — | — | — | — |
| | 椰子 | 出口 | — | — | — | — |
| | | 进口 | — | — | — | — |
| 坚果 | 核桃 | 出口 | 71524 | 60735 | 30301 | 106052 |
| | | 进口 | 62120 | 42335 | 31916 | 33817 |
| | 板栗 | 出口 | 82517 | 77858 | 76939 | — |
| | | 进口 | 18360 | 10504 | 15222 | — |
| | 松子仁 | 出口 | 234068 | 258135 | 272137 | 243249 |
| | | 进口 | 53440 | 64841 | 88809 | 96659 |
| | 开心果 | 出口 | 13482 | 10306 | 9956 | — |
| | | 进口 | 66195 | 75964 | 118898 | — |
| | 扁桃仁 | 出口 | — | — | — | — |
| | | 进口 | — | — | — | — |
| | 腰果 | 出口 | — | — | — | |
| | | 进口 | — | — | — | — |
| 干果 | 梅干及李干 | 出口 | 4235 | 2294 | 2405 | 2096 |
| | | 进口 | 4251 | 3267 | 6282 | 7722 |
| | 龙眼干、肉 | 出口 | 1657 | 2392 | 1905 | 1713 |
| | | 进口 | 56678 | 26565 | 60613 | 91308 |
| | 柿饼 | 出口 | 14826 | 8830 | 11904 | 7764 |
| | | 进口 | — | — | 2 | 17 |
| | 红枣 | 出口 | 28535 | 35320 | 37290 | 33361 |
| | | 进口 | 8 | 4 | 16 | 49 |
| | 葡萄干 | 出口 | 74344 | 56891 | 62245 | 29387 |
| | | 进口 | 37952 | 50952 | 55113 | 43633 |
| 果汁 | 柑橘属果汁 | 出口 | 10880 | 10914 | 9353 | 10808 |
| | | 进口 | 153185 | 124160 | 115084 | 160369 |
| | 苹果汁 | 出口 | 638698 | 561250 | 546813 | 648227 |
| | | 进口 | 3209 | 4454 | 4811 | 6438 |
| 其他林产品 | | 出口 | 14520780 | 15122709 | 15176770 | 16032477 |
| | | 进口 | 19084585 | 18504906 | 17208212 | 20706541 |
| 草产品总计 | | 出口 | — | — | — | — |
| | | 进口 | — | — | — | — |
| 草种子 | | 出口 | — | — | — | — |
| | | 进口 | — | — | — | — |
| 草饲料 | | 出口 | — | — | — | — |
| | | 进口 | — | — | — | — |

说明：

①原始数据来源:海关总署。

②木浆中未包括从回收纸与纸板中提取的木浆。

③纸和纸制品中未包括回收纸和纸板及印刷品等。

④2014—2023 年以造纸工业纸浆消耗价值中木浆价值的比例将从回收的纸与纸板中提取的纤维浆、回收纸与纸板出口
2019 年为 0.89,2020—2023 年为 1.0。

⑤2014—2023 年以造纸工业纸浆消耗价值中木浆价值的比例将纸和纸制品出口额折算为木制林产品价值,各年的折算

⑥印刷品、手稿、打字稿等的进(出)口额=进(出)口折算量×纸和纸制品的平均价格。

# 产品进出口金额(二)

单位:千美元

| 2018 年 | 2019 年 | 2020 年 | 2021 年 | 2022 年 | 2023 年 |
|---|---|---|---|---|---|
| 6 | 7 | 1 | — | 50 | 17 |
| 1095163 | 1604484 | 2304959 | 4205572 | 4035814 | 6720840 |
| 8295 | 4745 | 11210 | 14435 | 7848 | 11188 |
| 365577 | 424880 | 491574 | 705629 | 533569 | 454834 |
| 6422 | 9038 | 13161 | 16813 | 16075 | 20601 |
| 396649 | 362140 | 552933 | 526749 | 511549 | 316964 |
| — | 518 | 126 | 75 | 40 | 164 |
| — | 1399924 | 1663683 | 1994452 | 2775589 | 2657778 |
| — | 614 | 385 | 440 | 713 | 564 |
| — | 304877 | 321358 | 488292 | 602228 | 618962 |
| 149973 | 341261 | 286002 | 465908 | 388146 | 530931 |
| 34107 | 27409 | 20941 | 15913 | 11620 | 7546 |
| 78469 | 86659 | 81838 | 72173 | 81609 | 96514 |
| 19220 | 13098 | 8433 | 14652 | 12149 | 12940 |
| 184826 | 233554 | 258571 | 308008 | 297081 | 237383 |
| 30162 | 9305 | 26741 | 174190 | 389043 | 269391 |
| 20762 | 19859 | 14226 | 13828 | 21721 | 19714 |
| 352594 | 809186 | 659233 | 841087 | 296679 | 463147 |
| — | 2755 | 2419 | 1575 | 5240 | 9365 |
| — | 525383 | 326099 | 473042 | 496377 | 423820 |
| — | 449 | 75 | 357 | 1729 | 1324 |
| — | 184526 | 166976 | 203612 | 263125 | 260404 |
| 2416 | 2916 | 4392 | 3268 | 3675 | 3344 |
| 11365 | 15271 | 18879 | 19668 | 52714 | 84281 |
| 2765 | 2804 | 4467 | 6165 | 5431 | 4428 |
| 125350 | 144817 | 181624 | 203721 | 186538 | 127007 |
| 7446 | 6749 | 8197 | 10132 | 10653 | 9945 |
| 5 | 3 | — | — | — | — |
| 35872 | 38581 | 47413 | 66916 | 61161 | 72468 |
| 47 | 94 | 284 | 529 | 62 | 361 |
| 45737 | 74200 | 54596 | 41075 | 36432 | 69215 |
| 52983 | 58804 | 33480 | 44622 | 44415 | 33967 |
| 9974 | 8892 | 8428 | 6503 | 6647 | 9940 |
| 191326 | 184136 | 120909 | 208058 | 219090 | 295755 |
| 621540 | 425717 | 432605 | 427917 | 462809 | 443789 |
| 5354 | 7171 | 5885 | 10361 | 6583 | 15644 |
| 19197274 | 17135300 | 16990012 | 19495808 | 20636770 | 19528090 |
| 20818572 | 18760520 | 19589355 | 25863783 | 27307448 | 25350554 |
| 307 | 979 | 494 | 340 | 1573 | 1243 |
| 660269 | 664299 | 719386 | 926918 | 1171963 | 649502 |
| 248 | 317 | 168 | 226 | 2 | 38 |
| 126449 | 110162 | 104544 | 160734 | 169552 | 106917 |
| 59 | 662 | 326 | 114 | 1571 | 1205 |
| 533820 | 554137 | 614842 | 766184 | 1002411 | 542585 |

额折算为木制林产品价值,各年的折算系数:2014 年为 0. 89;2015 年为 0. 90;2016 年为 0. 92;2017 年为 0. 93,2018 年为 0. 92,

系数;2014 年为 0. 89;2015 年为 0. 91;2016 年为 0. 93;2017 年为 0. 93;2018 年为 0. 92;2019 年为 0. 94;2020—2023 年为 1. 0。

# 2014—2023年主要林草

| 产　品 | | | 单位 | 2014年 | 2015年 | 2016年 | 2017年 |
|---|---|---|---|---|---|---|---|
| 原木 | 针叶原木 | 出口 | 立方米 | 2042 | — | — | — |
| | | 进口 | 立方米 | 35839252 | 30059122 | 33665605 | 38236224 |
| | 阔叶原木 | 出口 | 立方米 | 9702 | 12070 | 94565 | 92491 |
| | | 进口 | 立方米 | 15355616 | 14509893 | 15059132 | 17162103 |
| | 合计 | 出口 | 立方米 | 11744 | 12070 | 94565 | 92491 |
| | | 进口 | 立方米 | 51194868 | 44569015 | 48724737 | 55398327 |
| 锯材 | | 出口 | 立方米 | 408970 | 288288 | 262053 | 285640 |
| | | 进口 | 立方米 | 25739161 | 26597691 | 31526379 | 37402136 |
| 单板 | | 出口 | 立方米 | 255744 | 265447 | 246424 | 335140 |
| | | 进口 | 立方米 | 986173 | 998698 | 880574 | 738810 |
| 特形材 | | 出口 | 吨 | 212089 | 176867 | 162298 | 148973 |
| | | 进口 | 吨 | 16072 | 21624 | 27295 | 18896 |
| 刨花板 | | 出口 | 立方米 | 372733 | 254430 | 288177 | 305917 |
| | | 进口 | 立方米 | 577962 | 638947 | 903089 | 1093961 |
| 纤维板 | | 出口 | 立方米 | 3205530 | 3014850 | 2649206 | 2687649 |
| | | 进口 | 立方米 | 238661 | 220524 | 241021 | 229508 |
| 胶合板 | | 出口 | 立方米 | 11633086 | 10766786 | 11172980 | 10835369 |
| | | 进口 | 立方米 | 177765 | 165884 | 196145 | 185483 |
| 木制品 | | 出口 | 吨 | 2175183 | 2269553 | 2302459 | 2420625 |
| | | 进口 | 吨 | 670641 | 760350 | 796138 | 753180 |
| 家具 | | 出口 | 件 | 316268837 | 327246688 | 332626587 | 367209974 |
| | | 进口 | 件 | 9845973 | 10191956 | 11101311 | 11888758 |
| 木片 | | 出口 | 吨 | 42 | 85 | 5531 | — |
| | | 进口 | 吨 | 8850785 | 9818990 | 11569916 | 11401753 |
| 木浆 | | 出口 | 吨 | 18393 | 25441 | 27790 | 24417 |
| | | 进口 | 吨 | 17893771 | 19791810 | 21019085 | 23652174 |
| 废纸浆 | | 出口 | 吨 | — | — | — | — |
| | | 进口 | 吨 | — | — | — | — |
| 废纸 | | 出口 | 吨 | 661 | 631 | 2142 | 1394 |
| | | 进口 | 吨 | 27518476 | 29283876 | 28498407 | 25717692 |
| 纸和纸制品 | | 出口 | 吨 | 8520484 | 8358720 | 9422457 | 9313991 |
| | | 进口 | 吨 | 2945544 | 2986103 | 3091659 | 4874085 |
| 木炭 | | 出口 | 吨 | 80373 | 74075 | 68170 | 76533 |
| | | 进口 | 吨 | 219758 | 172780 | 159338 | 170718 |
| 松香 | | 出口 | 吨 | 122469 | 85322 | 58433 | — |
| | | 进口 | 吨 | 11343 | 23357 | 45857 | — |
| 水果 | 柑橘属 | 出口 | 吨 | 979882 | 920513 | 934320 | 775228 |
| | | 进口 | 吨 | 161833 | 214890 | 295641 | 466751 |
| | 鲜苹果 | 出口 | 吨 | 865070 | 833017 | 1322042 | 1334636 |
| | | 进口 | 吨 | 28148 | 87563 | 67109 | 68850 |
| | 鲜梨 | 出口 | 吨 | 297260 | 373125 | 452435 | — |
| | | 进口 | 吨 | 7379 | 7930 | 8224 | — |
| | 鲜葡萄 | 出口 | 吨 | 125879 | 208015 | 254452 | 280391 |
| | | 进口 | 吨 | 211019 | 215899 | 252396 | 233931 |
| | 鲜猕猴桃 | 出口 | 吨 | 2175 | 2007 | — | 4304 |
| | | 进口 | 吨 | 62829 | 90178 | 66247 | 112532 |
| | 山竹果 | 出口 | 吨 | — | — | 4133 | 27 |
| | | 进口 | 吨 | 82798 | 104480 | 125988 | 71141 |

# 产品进出口数量(一)

| 2018 年 | 2019 年 | 2020 年 | 2021 年 | 2022 年 | 2023 年 |
|---|---|---|---|---|---|
| — | — | — | — | — | — |
| 41612911 | 44484085 | 46812777 | 49874124 | 31163746 | 28102745 |
| 72327 | 50632 | 21764 | 10653 | 52792 | 5451 |
| 18072555 | 14745446 | 12895217 | 13700606 | 12438605 | 9925270 |
| 72327 | 50632 | 21764 | 10653 | 52792 | 5451 |
| 59685466 | 59229531 | 59707994 | 63574730 | 43602351 | 38028015 |
| 255670 | 245820 | 237442 | 287143 | 258914 | 333915 |
| 36642861 | 37051023 | 33777539 | 28841628 | 26471674 | 27719176 |
| 428288 | 461487 | 433315 | 574494 | 442908 | 436528 |
| 958718 | 1244081 | 1576553 | 3456058 | 2606740 | 2445754 |
| 132838 | 97267 | 78861 | 79329 | 63150 | 47468 |
| 28971 | 68704 | 132762 | 219263 | 153937 | 103537 |
| 353440 | 336644 | 376527 | 882154 | 567550 | 603955 |
| 1065331 | 1036113 | 1187368 | 1131043 | 1192578 | 1164624 |
| 2273630 | 2133683 | 2028926 | 3160069 | 2832434 | 3063047 |
| 307631 | 242180 | 197920 | 178355 | 117989 | 66653 |
| 11203381 | 10060581 | 10385333 | 12262732 | 10557211 | 10612336 |
| 162996 | 139251 | 224023 | 159200 | 195618 | 295211 |
| 2392503 | 2357129 | 2376167 | 2912951 | 2634442 | 2806136 |
| 664333 | 637822 | 612100 | 574077 | 467450 | 558995 |
| 386935434 | 353208468 | 386551287 | 451471190 | 387992278 | 383366783 |
| 12246952 | 10275286 | 8027567 | 6965620 | 5376512 | 3437857 |
| 230 | 71 | 873 | 663 | 782 | 639 |
| 12836122 | 12564718 | 13525672 | 15619705 | 18446927 | 14631175 |
| 24370 | 38975 | 35799 | 76855 | 173200 | 141814 |
| 24419135 | 26226052 | 28787135 | 27215676 | 26250838 | 32156669 |
| — | 392 | 444 | 621 | 401 | 734 |
| — | 908710 | 1681178 | 2443051 | 2882843 | 4475772 |
| 537 | 689 | 1233 | 1135 | 301 | 1090 |
| 17025286 | 10362640 | 6892536 | 537542 | 572981 | 579525 |
| 8563363 | 9161090 | 9053446 | 9222190 | 12718904 | 13768082 |
| 6404037 | 6379417 | 12541823 | 11926843 | 8947747 | 11819784 |
| 60647 | 49491 | 50017 | 58697 | 49236 | 50813 |
| 298037 | 329338 | 287669 | 261350 | 471272 | 666682 |
| 46950 | 35256 | 22754 | 22566 | 24365 | 16741 |
| 69931 | 75707 | 95958 | 96503 | 72630 | 119512 |
| 983551 | 1013842 | 1045332 | 917699 | 876155 | 1218835 |
| 533265 | 567157 | 434556 | 453780 | 383065 | 372981 |
| 1118478 | 971146 | 1058094 | 1078352 | 823128 | 795982 |
| 64512 | 125208 | 75748 | 67985 | 95461 | 82372 |
| 491087 | 470245 | 539446 | 510138 | 444010 | 478929 |
| 7433 | 12849 | 10384 | 9302 | 12161 | 17545 |
| 277162 | 366496 | 424918 | 350609 | 377301 | 483373 |
| 231702 | 252312 | 250499 | 194603 | 180597 | 166704 |
| 6498 | 8852 | 12688 | 11971 | 10708 | 15520 |
| 113344 | 128742 | 116864 | 128026 | 117782 | 118336 |
| 26 | 104 | 135 | 129 | 29 | 26 |
| 159029 | 364584 | 294649 | 248845 | 208793 | 242060 |

# 2014—2023年主要林草

| 产　品 | | | 单位 | 2014年 | 2015年 | 2016年 | 2017年 |
|---|---|---|---|---|---|---|---|
| 水果 | 鲜榴莲 | 出口 | 吨 | — | — | — | 3 |
| | | 进口 | 吨 | 315509 | 298793 | 292310 | 224382 |
| | 鲜龙眼 | 出口 | 吨 | 1754 | 3915 | 2760 | 3170 |
| | | 进口 | 吨 | 326079 | 354149 | 348455 | 528806 |
| | 鲜火龙果 | 出口 | 吨 | 179 | 146 | 240 | 1092 |
| | | 进口 | 吨 | 603876 | 813480 | 523373 | 533448 |
| | 樱桃 | 出口 | 吨 | — | — | — | — |
| | | 进口 | 吨 | — | — | — | — |
| | 椰子 | 出口 | 吨 | — | — | — | — |
| | | 进口 | 吨 | — | — | — | — |
| 坚果 | 核桃 | 出口 | 吨 | 17571 | 13660 | 9151 | 33826 |
| | | 进口 | 吨 | 26409 | 13137 | 12380 | 12334 |
| | 板栗 | 出口 | 吨 | 35594 | 34590 | 32884 | — |
| | | 进口 | 吨 | 9874 | 6694 | 7213 | — |
| | 松子仁 | 出口 | 吨 | 11428 | 13444 | 13771 | 16153 |
| | | 进口 | 吨 | 3750 | 4228 | 6638 | 12980 |
| | 开心果 | 出口 | 吨 | 3360 | 2596 | 2082 | — |
| | | 进口 | 吨 | 10779 | 11348 | 18331 | — |
| | 扁桃仁 | 出口 | 吨 | — | — | — | — |
| | | 进口 | 吨 | — | — | — | — |
| | 腰果 | 出口 | 吨 | — | — | — | — |
| | | 进口 | 吨 | — | — | — | — |
| 干果 | 梅干及李干 | 出口 | 吨 | 935 | 469 | 497 | 421 |
| | | 进口 | 吨 | 1613 | 1171 | 3421 | 4362 |
| | 龙眼干、肉 | 出口 | 吨 | 216 | 297 | 291 | 246 |
| | | 进口 | 吨 | 35810 | 16203 | 33729 | 57850 |
| | 柿饼 | 出口 | 吨 | 5492 | 3113 | 4013 | 2614 |
| | | 进口 | 吨 | — | — | — | 4 |
| | 红枣 | 出口 | 吨 | 7822 | 9573 | 11027 | 9886 |
| | | 进口 | 吨 | 1 | — | 4 | 9 |
| | 葡萄干 | 出口 | 吨 | 30201 | 25500 | 28770 | 13792 |
| | | 进口 | 吨 | 22592 | 34818 | 37087 | 33132 |
| 果汁 | 柑橘属果汁 | 出口 | 吨 | 5265 | 5076 | 4323 | 4741 |
| | | 进口 | 吨 | 69701 | 64356 | 66268 | 82451 |
| | 苹果汁 | 出口 | 吨 | 458590 | 474959 | 507390 | 655527 |
| | | 进口 | 吨 | 2747 | 4770 | 5600 | 7712 |
| 草产品 | 草种子 | 出口 | 吨 | — | — | — | — |
| | | 进口 | 吨 | — | — | — | — |
| | 草饲料 | 出口 | 吨 | — | — | — | — |
| | | 进口 | 吨 | — | — | — | — |

说明：

①原始数据来源：海关总署。

②表中数据体积与重量按刨花板650千克/立方米，单板750千克/立方米的标准换算；纤维板折算标准：密度>800千克/千克/立方米的取425千克/立方米、密度<350千克/立方米的取250千克/立方米。

③木浆中未包括从回收纸和纸板中提取的木浆。

④纸和纸制品中未包括回收的废纸和纸板、印刷品、手稿等。

⑤2014—2019年按木纤维浆（原生木浆和废纸中的木浆）比例折算，纸和纸制品出口量按纸和纸产品中木浆比例折算，出年为1.0。

⑥核桃、板栗、开心果、扁桃仁和腰果的进（出）口量包括未去壳的和去壳的果仁，去壳的果仁按出仁率折算为未去壳数量，

⑦柑橘属水果中包括橙、葡萄柚、柚、蕉柑、其他柑橘、柠檬酸橙、其他柑橘属水果。

# 产品进出口数量(二)

| 2018 年 | 2019 年 | 2020 年 | 2021 年 | 2022 年 | 2023 年 |
|---|---|---|---|---|---|
| 4 | 7 | 1 | — | 10 | 3 |
| 431956 | 604705 | 575884 | 821589 | 824888 | 1425858 |
| 3713 | 1628 | 4396 | 5992 | 3167 | 4893 |
| 456603 | 406615 | 346805 | 469020 | 382573 | 344411 |
| 3990 | 5136 | 8048 | 10259 | 9031 | 12284 |
| 510844 | 435716 | 618371 | 587655 | 567821 | 341562 |
| — | 70 | 15 | 16 | 9 | 17 |
| — | 193587 | 210683 | 313661 | 367015 | 347500 |
| — | 655 | 505 | 519 | 709 | 766 |
| — | 673216 | 651466 | 892138 | 1095420 | 1220614 |
| 51157 | 125343 | 130329 | 229027 | 195326 | 317673 |
| 11114 | 10238 | 7470 | 6511 | 4527 | 3183 |
| 36389 | 39820 | 38949 | 34825 | 37429 | 52132 |
| 7822 | 6641 | 3537 | 5995 | 5324 | 5158 |
| 12750 | 10434 | 11709 | 15959 | 11852 | 11790 |
| 3175 | 539 | 1818 | 13729 | 23069 | 16072 |
| 4939 | 4878 | 2857 | 2234 | 3228 | 3362 |
| 54954 | 114107 | 104522 | 127004 | 44126 | 74002 |
| — | 994 | 1108 | 550 | 2848 | 3729 |
| — | 145741 | 128130 | 171646 | 181754 | 178452 |
| — | 254 | 49 | 201 | 1098 | 1059 |
| — | 91863 | 105430 | 116425 | 150889 | 158317 |
| 544 | 896 | 1661 | 1530 | 1968 | 1255 |
| 6304 | 9080 | 11479 | 10420 | 23031 | 38991 |
| 410 | 530 | 889 | 1138 | 1030 | 755 |
| 83965 | 114182 | 133163 | 131762 | 137690 | 86944 |
| 2434 | 2160 | 2630 | 3216 | 3368 | 3355 |
| 2 | 1 | — | — | — | — |
| 11172 | 13357 | 16662 | 20434 | 22194 | 28083 |
| 3 | 15 | 517 | 1256 | 146 | 749 |
| 23739 | 40185 | 31388 | 20232 | 17123 | 39636 |
| 37717 | 40666 | 22270 | 25326 | 22681 | 18061 |
| 4553 | 3761 | 3760 | 2961 | 3130 | 4777 |
| 97816 | 104328 | 81865 | 139867 | 151603 | 167231 |
| 558700 | 385966 | 420783 | 419608 | 399780 | 268836 |
| 6445 | 8227 | 7913 | 10640 | 8101 | 15817 |
| 84 | 110 | 62 | 60 | — | 8 |
| 56296 | 51276 | 61176 | 71559 | 51929 | 50487 |
| 58 | 79 | 30 | 56 | 180 | 188 |
| 1707104 | 1627174 | 1721993 | 2044320 | 1977097 | 1086390 |

立方米的取 950 千克/立方米、500 千克/立方米<密度<800 千克/立方米的取 650 千克/立方米、350 千克/立方米<密度<500

口量的折算系数:2014 年为 0.89;2015 年为 0.90;2016 年为 0.92;2017 年为 0.92;2018 年为 0.91;2019 年为 0.89;2019—2022

出仁率分别为:核桃 40%、板栗 80%、开心果 50%、扁桃仁 40%、腰果 30%,未去壳的松子按 50%出仁率折算为松子仁。

# 附录六

# 世界主要国家林业情况

ANNEX Ⅵ

# 2020 年世界主要国家森林面积及变化

| 国家(地区) | 森林面积(千公顷) | | | | 森林面积变化 | | | | | |
|---|---|---|---|---|---|---|---|---|---|---|
| | | | | | 1990—2000 年 | | 2000—2010 年 | | 2010—2020 年 | |
| | 1990 年 | 2000 年 | 2010 年 | 2020 年 | 年变化量(千公顷/年) | 年变化率(%) | 年变化量(千公顷/年) | 年变化率(%) | 年变化量(千公顷/年) | 年变化率(%) |
| **非洲** | | | | | | | | | | |
| 中非 | 23203 | 22903 | 22603 | 22303 | -30.0 | -0.13 | -30.0 | -0.13 | -30.0 | -0.13 |
| 刚果(金) | 150629 | 143899 | 137169 | 126155 | -673.0 | -0.46 | -673.0 | -0.48 | -1101.4 | -0.83 |
| 加蓬 | 23762 | 23700 | 23649 | 23531 | -6.2 | -0.03 | -5.1 | -0.02 | -11.9 | -0.05 |
| 苏丹 | 23570 | 21826 | 20081 | 18360 | -174.4 | -0.77 | -174.5 | -0.83 | -172.2 | -0.89 |
| **亚洲** | | | | | | | | | | |
| 日本 | 24950 | 24876 | 24966 | 24935 | -7.4 | -0.03 | 9.0 | 0.04 | -3.1 | -0.01 |
| 蒙古 | 14352 | 14264 | 14184 | 14173 | -8.8 | -0.06 | -8.0 | -0.06 | -1.1 | -0.01 |
| 韩国 | 6551 | 6476 | 6387 | 6287 | -7.5 | -0.12 | -8.9 | -0.14 | -10.0 | -0.16 |
| 印度尼西亚 | 118545 | 101280 | 99659 | 92133 | -1726.5 | -1.56 | -162.1 | -0.16 | -752.6 | -0.78 |
| 老挝 | 17843 | 17425 | 16941 | 16596 | -41.8 | -0.24 | -48.5 | -0.28 | -34.5 | -0.21 |
| 马来西亚 | 20619 | 19691 | 18948 | 19114 | -92.7 | -0.46 | -74.4 | -0.38 | 16.6 | 0.09 |
| 缅甸 | 39218 | 34868 | 31441 | 28544 | -435.0 | -1.17 | -342.7 | -1.03 | -289.7 | -0.96 |
| 泰国 | 19361 | 18998 | 20073 | 19873 | -36.3 | -0.19 | 107.5 | 0.55 | -20.0 | -0.10 |
| 越南 | 9376 | 11784 | 13388 | 14643 | 240.8 | 2.31 | 160.4 | 1.28 | 125.5 | 0.90 |
| **欧洲** | | | | | | | | | | |
| 芬兰 | 21875 | 22446 | 22242 | 22409 | 57.0 | 0.26 | -20.4 | -0.09 | 16.7 | 0.07 |
| 法国 | 14436 | 15288 | 16419 | 17253 | 85.2 | 0.58 | 113.1 | 0.72 | 83.4 | 0.50 |
| 德国 | 11300 | 11354 | 11409 | 11419 | 5.4 | 0.05 | 5.5 | 0.05 | 1.0 | 0.01 |
| 意大利 | 7590 | 8369 | 9028 | 9566 | 78.0 | 0.98 | 65.9 | 0.76 | 53.8 | 0.58 |
| 俄罗斯 | 808950 | 809269 | 815136 | 815312 | 31.9 | — | 586.7 | 0.07 | 17.6 | — |
| 西班牙 | 13905 | 17094 | 18545 | 18572 | 318.9 | 2.09 | 145.1 | 0.82 | 2.7 | 0.01 |
| 瑞典 | 28063 | 28163 | 28073 | 27980 | 10.0 | 0.04 | -9.0 | -0.03 | -9.3 | -0.03 |
| **北美洲和中美洲** | | | | | | | | | | |
| 加拿大 | 348273 | 347802 | 347322 | 346928 | -47.1 | -0.01 | -48.0 | -0.01 | -39.4 | -0.01 |
| 墨西哥 | 70592 | 68381 | 66943 | 65692 | -221.0 | -0.32 | -143.8 | -0.21 | -125.1 | -0.19 |
| 美国 | 302450 | 303536 | 308720 | 309795 | 108.6 | 0.04 | 518.4 | 0.17 | 107.5 | 0.03 |
| **大洋洲** | | | | | | | | | | |
| 澳大利亚 | 133882 | 131814 | 129546 | 134005 | -206.8 | -0.16 | -226.8 | -0.17 | 445.9 | 0.34 |
| 新西兰 | 9372 | 9850 | 9848 | 9893 | 47.8 | 0.50 | -0.2 | — | 4.4 | 0.05 |
| 巴布亚新几内亚 | 36400 | 36278 | 36179 | 35856 | -12.2 | -0.03 | -9.9 | -0.03 | -32.3 | -0.09 |
| **南美洲** | | | | | | | | | | |
| 巴西 | 588898 | 551089 | 511581 | 496620 | -3780.9 | -0.66 | -3950.8 | -0.74 | -1496.1 | -0.30 |
| 智利 | 15246 | 15817 | 16725 | 18211 | 57.1 | 0.37 | 90.8 | 0.56 | 148.5 | 0.85 |
| 哥伦比亚 | 64958 | 62736 | 60808 | 59142 | -222.3 | -0.35 | -192.8 | -0.31 | -166.6 | -0.28 |
| 苏里南 | 15378 | 15341 | 15300 | 15196 | -3.7 | -0.02 | -4.1 | -0.03 | -10.4 | -0.07 |
| 委内瑞拉 | 52026 | 49151 | 47505 | 46231 | -287.5 | -0.57 | -164.6 | -0.34 | -127.4 | -0.27 |

说明：资料来源为联合国粮食及农业组织《2020 年全球森林资源评估报告》。

# 2019 年世界主要国家林产品产量、贸易量和消费量(一)

| 国家(地区) | 原木(千立方米) | | | | 锯材(千立方米) | | | |
|---|---|---|---|---|---|---|---|---|
| | 产量 | 消费量 | 进口量 | 出口量 | 产量 | 消费量 | 进口量 | 出口量 |
| **世界总计** | **3969368** | **3973611** | **150068** | **145825** | **488916** | **481782** | **149171** | **156305** |
| **非洲合计** | **784386** | **779164** | **2139** | **7361** | **11993** | **17219** | **8423** | **3197** |
| 刚果(金) | 91313 | 91231 | 16 | 98 | 150 | 130 | — | 20 |
| 加蓬 | 3209 | 3165 | 5 | 49 | 901 | 55 | — | 847 |
| 尼日利亚 | 76563 | 75961 | 2 | 604 | 2002 | 1988 | 2 | 16 |
| 南非 | 28323 | 28528 | 928 | 722 | 2242 | 2183 | 159 | 219 |
| 乌干达 | 49507 | 49507 | — | — | 440 | 440 | — | — |
| **亚洲合计** | **1165381** | **1242970** | **80754** | **3164** | **139289** | **196525** | **65270** | **8033** |
| 印度 | 351761 | 356004 | 4250 | 6 | 6889 | 8260 | 1382 | 11 |
| 印度尼西亚 | 123757 | 124514 | 794 | 36 | 2640 | 2553 | 274 | 361 |
| 日本 | 30349 | 32266 | 3049 | 1131 | 9032 | 14593 | 5708 | 147 |
| 马来西亚 | 17208 | 15981 | 151 | 1378 | 3392 | 2027 | 443 | 1808 |
| 韩国 | 4577 | 8858 | 4282 | 1 | 2052 | 4023 | 1992 | 22 |
| 泰国 | 33033 | 33062 | 39 | 11 | 4500 | 1216 | 640 | 3924 |
| 越南 | 57335 | 59918 | 2628 | 46 | 6000 | 8422 | 2657 | 235 |
| **欧洲合计** | **814950** | **795829** | **60059** | **79180** | **172151** | **115415** | **44354** | **101090** |
| 芬兰 | 63964 | 68840 | 6323 | 1447 | 11390 | 3015 | 595 | 8970 |
| 法国 | 49869 | 46946 | 1440 | 4364 | 7813 | 9105 | 2765 | 1473 |
| 德国 | 76167 | 75059 | 7588 | 8696 | 24573 | 20225 | 5198 | 9546 |
| 意大利 | 18367 | 22118 | 4177 | 426 | 1554 | 5571 | 4534 | 517 |
| 波兰 | 44084 | 40975 | 1215 | 4324 | 5000 | 5313 | 1354 | 1041 |
| 俄罗斯 | 218400 | 202374 | 6 | 16032 | 44466 | 11152 | 48 | 33362 |
| 瑞典 | 75500 | 83484 | 8870 | 887 | 18730 | 6636 | 540 | 12633 |
| **北美洲合计** | **604297** | **595257** | **6755** | **15795** | **124961** | **117511** | **26876** | **34326** |
| 加拿大 | 145168 | 142251 | 4712 | 7629 | 42489 | 15710 | 1533 | 28312 |
| 美国 | 459129 | 453000 | 2037 | 8166 | 82472 | 101782 | 25323 | 6013 |
| **大洋洲合计** | **86799** | **51446** | **20** | **35373** | **9377** | **7782** | **703** | **2298** |
| 澳大利亚 | 36799 | 30437 | 5 | 6368 | 4635 | 4988 | 571 | 218 |
| 新西兰 | 35969 | 13310 | 7 | 22666 | 4340 | 2464 | 66 | 1942 |
| 巴布亚新几内亚 | 9605 | 5852 | — | 3753 | 220 | 108 | — | 112 |
| **拉美和加勒比合计** | **513555** | **508945** | **342** | **4953** | **31146** | **27329** | **3544** | **7362** |
| 巴西 | 266288 | 265288 | 25 | 1025 | 10240 | 7643 | 27 | 2624 |
| 智利 | 63717 | 63366 | 2 | 353 | 8151 | 4499 | 24 | 3676 |
| 墨西哥 | 46477 | 46503 | 82 | 56 | 3362 | 5490 | 2141 | 13 |
| 乌拉圭 | 16037 | 14109 | 13 | 1942 | 528 | 282 | 7 | 253 |

# 2019 年世界主要国家林产品产量、贸易量和消费量(二)

| 国家(地区) | 人造板(千立方米) | | | | 木浆(千吨) | | | | 纸和纸板(千吨) | | | |
|---|---|---|---|---|---|---|---|---|---|---|---|---|
| | 产量 | 消费量 | 进口量 | 出口量 | 产量 | 消费量 | 进口量 | 出口量 | 产量 | 消费量 | 进口量 | 出口量 |
| **世界总计** | **357651** | **358796** | **88861** | **37716** | **190351** | **189273** | **67341** | **68419** | **404288** | **401895** | **110451** | **112843** |
| **非洲合计** | **3017** | **6509** | **4013** | **521** | **2411** | **2322** | **1059** | **1147** | **3062** | **7752** | **5382** | **693** |
| 刚果(金) | 2 | 6 | 4 | — | — | 1 | 1 | — | — | 1 | 13 | — |
| 加蓬 | 42 | 13 | — | 29 | — | — | — | — | — | 3 | 6 | 3 |
| 尼日利亚 | 96 | 444 | 362 | 14 | 23 | 52 | 29 | — | 19 | 393 | 381 | 7 |
| 南非 | 1513 | 1715 | 462 | 261 | 2221 | 1255 | 177 | 1142 | 1801 | 2077 | 710 | 434 |
| 乌干达 | 80 | 37 | 1 | 44 | — | — | — | — | — | 89 | 90 | 1 |
| **亚洲合计** | **196321** | **193613** | **23527** | **26234** | **38322** | **70670** | **39759** | **7410** | **194566** | **200934** | **29359** | **22991** |
| 印度 | 12286 | 12993 | 832 | 125 | 3362 | 4968 | 1610 | 4 | 17284 | 18866 | 3113 | 1531 |
| 印度尼西亚 | 5039 | 2098 | 310 | 3251 | 8364 | 4423 | 1444 | 5385 | 11953 | 7873 | 772 | 4853 |
| 日本 | 5130 | 8630 | 3643 | 142 | 8560 | 9909 | 1691 | 342 | 25376 | 25199 | 1574 | 1751 |
| 马来西亚 | 4050 | 2465 | 1676 | 3261 | 131 | 323 | 457 | 265 | 1750 | 3032 | 1670 | 389 |
| 韩国 | 2579 | 5144 | 2600 | 35 | 510 | 2701 | 2232 | 41 | 11376 | 9563 | 1100 | 2913 |
| 泰国 | 7976 | 2826 | 306 | 5456 | 1143 | 1544 | 543 | 142 | 5033 | 4690 | 1000 | 1343 |
| 越南 | 2090 | 1901 | 1228 | 1417 | 540 | 939 | 403 | 4 | 1742 | 2550 | 1597 | 789 |
| **欧洲合计** | **90052** | **84768** | **38351** | **43635** | **48573** | **48870** | **18682** | **18385** | **102810** | **89081** | **53240** | **66969** |
| 芬兰 | 1202 | 598 | 382 | 986 | 12000 | 7829 | 347 | 4518 | 9710 | 722 | 3005 | 9293 |
| 法国 | 5294 | 4934 | 2458 | 2818 | 1626 | 2768 | 1708 | 566 | 7325 | 8451 | 4849 | 3724 |
| 德国 | 12487 | 12166 | 5667 | 5987 | 2349 | 5614 | 4480 | 1215 | 22073 | 18230 | 9656 | 13500 |
| 意大利 | 4248 | 6179 | 2839 | 908 | 334 | 3809 | 3590 | 115 | 8901 | 11033 | 5320 | 3188 |
| 波兰 | 11690 | 11617 | 3168 | 3240 | 1235 | 2201 | 1063 | 97 | 4860 | 6697 | 4321 | 2484 |
| 俄罗斯 | 17561 | 12398 | 1217 | 6380 | 8227 | 6183 | 147 | 2191 | 9106 | 7164 | 1240 | 3182 |
| 瑞典 | 619 | 1659 | 1195 | 154 | 12074 | 8398 | 557 | 4233 | 9616 | 1228 | 812 | 9201 |
| **北美洲合计** | **45932** | **53066** | **18108** | **10973** | **68877** | **57049** | **5698** | **17526** | **77630** | **71838** | **11475** | **17268** |
| 加拿大 | 11578 | 5280 | 2765 | 9063 | 16815 | 7537 | 398 | 9676 | 9473 | 5209 | 2434 | 6698 |
| 美国 | 34353 | 47781 | 15337 | 1910 | 52062 | 49512 | 5300 | 7850 | 68157 | 66627 | 9039 | 10569 |
| **大洋洲合计** | **3042** | **3563** | **1169** | **647** | **2936** | **2306** | **338** | **968** | **3935** | **4030** | **1636** | **1541** |
| 澳大利亚 | 1732 | 2676 | 1014 | 70 | 1521 | 1808 | 287 | — | 3213 | 3215 | 1124 | 1121 |
| 新西兰 | 1235 | 779 | 113 | 569 | 1415 | 498 | 49 | 967 | 722 | 747 | 443 | 418 |
| 巴布亚新几内亚 | 64 | 60 | 3 | 8 | — | — | — | — | — | 34 | 34 | — |
| **拉美和加勒比合计** | **19289** | **17277** | **3693** | **5705** | **29232** | **8057** | **1806** | **22982** | **22285** | **28261** | **9358** | **3382** |
| 巴西 | 11808 | 8263 | 18 | 3563 | 20277 | 5042 | 256 | 15501 | 10534 | 9111 | 598 | 2021 |
| 智利 | 3199 | 2280 | 334 | 1253 | 5293 | 591 | 18 | 4719 | 1015 | 1121 | 647 | 542 |
| 墨西哥 | 1043 | 2189 | 1230 | 84 | 123 | 907 | 788 | 4 | 5805 | 9118 | 3561 | 248 |
| 乌拉圭 | 238 | 83 | 45 | 200 | 2618 | 25 | 6 | 2599 | 54 | 121 | 70 | 3 |

说明:资料来源为联合国粮食及农业组织《林产品年鉴 2019》。